城市更新与绿色发展丛书

The Organic Renewal of
Waterfront Space and
the Practice of
Planning and Design

滨河空间
有机更新
规划设计实践

王璐妍 莫霞 罗镔 著
Wang Luyan Mo Xia Luo Bin

U0253752

同济大学 出版社
TONGJI UNIVERSITY PRESS
·上海·

图书在版编目（CIP）数据

滨河空间有机更新规划设计实践 / 王璐妍，莫霞，
罗镔著. -- 上海：同济大学出版社，2024. -- （城市更
新与绿色发展丛书 / 莫霞主编）. -- ISBN 978-7-5765
-1360-8

Ⅰ. TU984.2
中国国家版本馆CIP数据核字第2024BQ2240号

滨河空间有机更新规划设计实践

王璐妍、莫霞、罗镔 著

出 品 人　金英伟
责任编辑　姜　黎
责任校对　徐逢乔
装帧设计　魏　沅、蒲佳茹
插画绘制　申　鹏

出版发行　同济大学出版社 www.tongjipress.com.cn
（地址：上海市四平路1239号　邮编：200092　电话：021-65985622）
经　　销　全国各地新华书店
印　　刷　上海颛辉印刷厂有限公司
开　　本　710mmx1000mm 1/16
印　　张　7
字　　数　80 000
版　　次　2024年第1版
印　　次　2024年第1次印刷
书　　号　ISBN 978-7-5765-1360-8
定　　价　118.00元

总序

时至今日，城市发展已进入以"存量更新为主"的新阶段。城市更新作为城镇化发展的一个过程，推进了城市的高质量发展。北京、上海、广州等重要城市也在不断地积极探索并完善城市更新相关的组织机制、实施模式、支持政策和技术方法等。《中华人民共和国国民经济和社会发展第十四个五年规划和2035年远景目标纲要》在国家层面上将"城市更新"上升为重要发展战略，党的"二十大"报告也指出要"加快转变超大特大城市发展方式，实施城市更新行动"。《支持城市更新的规划与土地政策指引（2023版）》（自然资办发〔2023〕47号）更是提出要"因地制宜、一地一策，差异化确定更新对策、更新方式和更新政策，高质量实施城市更新"。在中国式现代化的时代语境中，无论是有关居住品质改善、历史风貌保护、公共空间活力提升、公共服务设施完善等议题，还是绿色低碳修复、基础设施更新、韧性智慧城市建设等议题，都是城市更新发展关注的热点。党的"十八大"以来，党中央、国务院也高度重视"绿色低碳发展机制建设"；《国务院关于印发2030年前碳达峰行动方案的通知》（国发〔2021〕23号）提出"城市更新和乡村振兴都要落实绿色低碳要求"；《住房和城乡建设部关于在实施城市更新行动中防止大拆大建问题的通知》（建科〔2021〕63号）中也提出实施城市更新行动要"以内涵集约、绿色低碳发展为路径，转变城市开发建设方式"。由此可见，城市更新涉及规划、土地、产业、基础设施、文化、市场、政策等多个领域，需要通过绿色发展这一以效率、和谐、持续为目标的经济增长模式和社会发展方式，创造出更加宜居和智能的城市环境。

本丛书聚焦滨河空间有机更新、既有社区韧性发展、基础设施建设创新、公共服务设施提升，以及大数据分析应用等新技术方法相关的诸多主题，以新时期复合经济发展目标与居民生活实际需求为导向，关注城乡的统筹谋划与融合发展，考量多元价值取向、多元利益诉求、差异化现实资源条件等带来的挑战与考验，试图建立城市更新与绿色发展的思维引导及实施探索，从而满足人们对美好生活的需求，也希望为未来城市建设发展从技术上提供一定支撑。城市更新作为一项可持续的、开放的、多元化的、动态的系统工程，其涵盖的内容更为广泛，本丛书结合当前团队实践工作，试图发掘城市更新与绿色发展的内在价值与现实挑战，并以此为抓手，希望为未来同类城市建设提供一定的经验启示。本丛书的编制秉持以下四个原则：一是价值导向，以党的"二十大"精神为行动指南，确保相关政策文件、相关概念和内容的准确表达。二是以民生为先，把满足人们对美好生活的需求作为出发点，围绕人居环境改善、公共服务水平提升、城市韧性安全增强等愿景展开工作。三是多维共建，面向当前城市更新与绿色发展中遇到的"急、难、愁"问题，提出多视角的应答，以利于人们更好地理解城市更新的复杂性和多维性，并提供有价值的参考和启示。四是以前瞻性思维角度面向未来发展的重点领域，充分展现现代化城市建设的新机遇、新要求、新举措。

本丛书由长期从事城市更新与绿色发展工作的业内一线工作人员执笔撰写，他们在多层次、多类型的城市更新工作领域深耕十余年，在不断积累与开拓创新中结合项目实践形成了相关理论，力求使本丛书具有系统性、实用性、针对性、示范性和可操作性。我们希冀这套丛书能够为广大读者带来帮助，无论是想要了解实践类型及技术应用，还是寻找城市更新的成功案例，或是寻求解决新时期发展问题的新思路的读者，都能从中得到有价值的参考和借鉴。

华建集团上海现代建筑规划设计研究院有限公司
副总规划师、城市更新研究院院长
二〇二四年九月十一日于上海

前言

人类文明的发源离不开水，"凡建邑，必依山川而相其土泉"。城市
择水而建，市民依水而居，河流往往是城市发展的起点，水系成为了城
市的生命血脉。滨河空间也构成了人们活动的重要场所，承载着多种有
混合性特征的功能，成为重要且多样化的城市空间，是实现人与自然共
生、社会与文化交融的重要纽带。滨河空间的有机更新是城市有机更新
的重要组成部分。

近年来，全国各城市坚持以"生态文明"理念和"以人民为中心"
的发展思想为指导，深入扎实推进新时代生态文明的建设实践，以提升
城市整体品质。滨河绿地和滨河公共空间规划建设已经成为城市绿色生
态空间规划建设的重点领域。与此同时，在生态文明时代与国土空间规
划的双重背景影响下，城市区域发展以整体性的思维方式及以生态为核
心去引领区域发展，使发展水平得到显著提升。滨河空间作为城市中的
重要生态空间，利用滨河空间更新促进城市发展是城市可持续发展的必
要手段。因此，从规划与设计结合的角度去研究滨河空间的有机更新路
径和手段，是优化城市空间生态格局、推动城河联动发展、构建城市可
持续发展新格局的基础。

上海市地处长江入海口，除黄浦江、苏州河外，还有着十分丰富的
河道水系资源，滨河空间更新改造潜力巨大。随着"一江一河"滨河区

的面貌逐渐显现，一个功能复合、空间有序、生态良好、景观优美、富有活力的滨河公共空间体系逐步呈现。时至今日，上海市黄浦江核心段45km岸线、苏州河中心城区42km岸线贯通，"一江一河"工业锈带变身"生活秀带""发展绣带"，成为宜业、宜居、宜乐和宜游的公共空间，更成为"人民城市"重要理念的实践地，让生活在这里的人们有满满的幸福感。以此为契机，上海将内河水系两岸空间品质的提升列入日程，积极引导滨河公共空间沿黄浦江支流河道、绿化走廊等向腹地延伸拓展，继续扩大滨江贯通的辐射效应，构建滨江与腹地的公共空间网络。而城市滨河空间作为重要的线形生态廊道，如何通过河道两侧的用地更新，实现土地集约复合利用，使沿岸地段享受生态改造的红利，并将更多更好的滨河资源让渡于民，是滨河空间改造中一个非常重要且紧迫的议题。

在此背景下，本书回应了生态文明的时代需求，并结合上海本身的发展进行梳理，明确城市滨河空间有机更新是当下亟须开展的规划建设方向。首先本书采取了文献研究、案例研究、定性关联分析等方法，总结提炼滨河空间发展的特征及存在的问题；其次书中列举并分析国内外诸多城市滨河空间更新的实践案例，归纳出滨河空间的有机更新需要从结构优化、生态修复、功能提升、交通链接、场所营造五个方面着力；最后，书中结合上海市中心城区多个滨河空间更新的实际项目案例，剖析更新中的技术设计路径，并围绕规划成果编制、规划政策引导及规划管理协同三方面，总结提炼滨河空间有机更新实施引导策略与建议，以期为同行从业者和政府管理部门提供相关参考借鉴。

1. 以整体性的思维方式打造高品质滨河空间

本书针对国内外的滨河空间更新演进历程的特征进行梳理总结，发现目前有关高品质的滨河空间更新与研究，多聚焦于滨河空间的功能、空间、环境等多个方面，已经出现对滨河周边区域及滨河空间所在的城市整体特色的研究态势，多数滨河空间也开始被打造成对外开放的贯通型公共开敞空间，并更关注人的需求。可见，在滨河空间有机更新的过程中，需要横向和纵向两个层面的整体性思维。横向层面，除了需要关注自身空间的设计，也需要关注其所在区域的整体空间格局，并遵循对应区域的发展及特色需求。纵向层面，需要关注不同人群对滨河空间的个性化需求及由此产生的有针对性的人性化设计。

2. 提出五种滨河空间有机更新的方式与路径

聚焦"结构优化、生态修复、功能提升、交通链接、场所营造"五个方面的滨河空间有机更新的方式与路径，来营造良好的滨河空间场所环境，同时促进形成城河联动为一体的空间格局。其中，在结构上，注重滨河对于城市整体空间格局的影响，主要通过河流水系来组织城市的空间系统，并通过滨河空间的条带式空间形态对周边区域形成辐射联动，来构建城河共融的城市骨架；在生态上，以修复为主要导向，以滨河空间的更新来重塑城市生态活力，保障城市生态安全；在功能上，更是通过对滨河空间的生态特色激活、功能的复合和能级的提升等手段来引导现有功能的转型升级；在交通上，依托多元的滨河路径连接江河两岸空间，打造城河联动的水岸生活圈；在场所上，通过建设特色化的滨河公共空间，提供特色公共服务与体验感丰富的公共活动，来提升滨河空间整体的服务品质，构建滨河公共休闲生活带。

3. 从规划设计结合角度提出实施引导策略

滨河空间有机更新的实施引导策略是通过规划设计中的规划成果编制、规划政策引导及规划管理协同这一流程展开的，这些为后续城市滨河空间的有机更新设计提供了有效参考。滨河空间有机更新首先侧重一张蓝图、一河一表及列出研究设计工作清单的方式编制规划成果，条理清晰、流程明晰，保证成果的严谨性、全面性；其次各建设主体结合实际区域的政策导向要求，贯彻并落实到实际的项目建设过程中去；最后强调通过渐进式的协同运作机制、滨河与城市的生态协同及多专业多部门的合作来实现规划管理方式的协同发展，为后续其他专业的设计工作提供依据。在促进多专业多部门协同合作的同时，各部门能够较好地完成与规划、水务、交通、市政、绿容、建管等多专业、多部门的延伸对接。

目　录

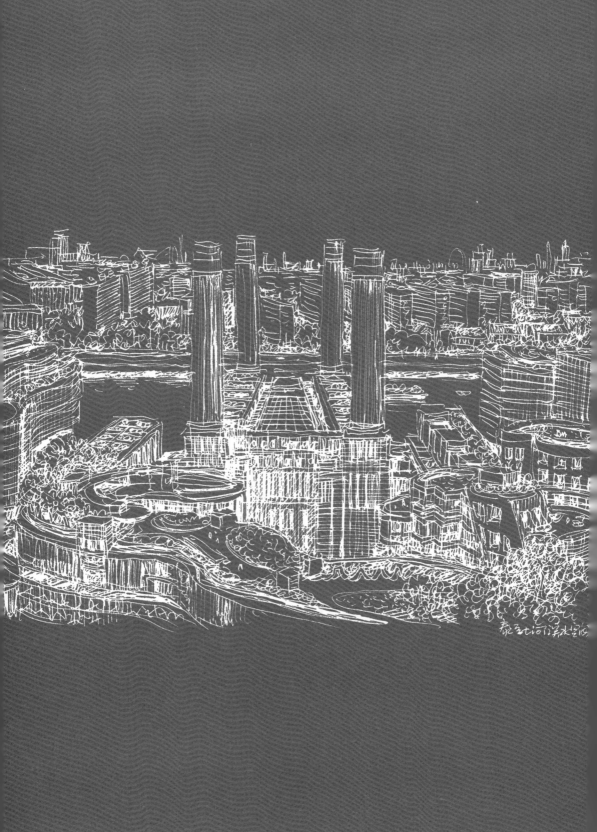

第一章
滨河空间有机更新
的概念与演进

Chapter 1 The Concept and Evolution
of Organic Renewal
in Waterfront Space

» 第一节 «

滨河空间的有机更新

"滨河空间（Waterfront Space）"（图 1-1）一直是城市发展研究的重点区域，指城市陆域空间与河道水体相邻近的陆地，以及与城镇相互衔接的滨河空间。滨河地区具体范围的界定学术界尚无定论，各国学者也有不同的见解，滨河空间的有机更新不仅涉及具体的地理和空间范围，还涉及其功能和用途的多样性。不同城市和地区可能会根据自身的特点和需求，采取不同的界定方法和研究策略。这些区域不仅是城市景观的重要组成部分，还提供了休闲、游憩的场所，同时也具有生态、经济、文化等多重价值。

有机更新的概念源自生态学，正常的细胞一般都会经历"出生—生长—死亡"的过程，凋亡的细胞将被吞噬，部分可转化为成长因子。细胞更新对于生物自稳平衡起着非常关键的作用。城市的有机更新把人居环境当作一个"活"的有机体来对待，体现了以人为本的思想，它遵循事物发展的内在规律，强调部分与整体的和谐、人与自然的和谐、现在与未来的可持续发展等。本书以城市有机更新作为理论依据，提到建设顺应区域的格局，按照事物发展的秩序和规律，采用合理的尺度与适当的规模；应依据改造的内容和要求，妥善处理历史、现在和将来的关系；并以可持续发展为基础探求更新和发展。国内外滨河空间更新实践为本书提供了宝贵的借鉴，是滨河空间有机更新研究的理论基础。简·雅各布斯 1961 年在《美国大城市的死与生》中反对大规模改造，支持小规模且持续地改建；柯林·罗与弗瑞德·科特的《拼贴城市》采用"有机拼贴"的方式来建设不断发展变化的城市；吴良镛在《北京旧城与菊儿胡同》《人居环境科学导论》中提出城市有机更新理论；李凯生的《城市：记忆与造物的历史——中山路历史保护与有机更新札记》、姜海玉的《旧城保护与有机更新》等文章，针对城市改造采用有机更新思想和方法做了一定的分析研究与实践，提出了相关建议。

　　本书是基于城市有机更新下对城市滨河空间研究的成果展示。有机更新思想下的滨河空间更新，是将滨河空间作为城市中一个关键性的生长有机体，它与城市整体发展格局息息相关。在更新过程中，以景观环境为物质基础，通过打造多样性的水岸空间为居民提供亲水近水的公共空间，不断调整滨河区的功能与定位，使之适应人们随着时代发展的新生活方式。

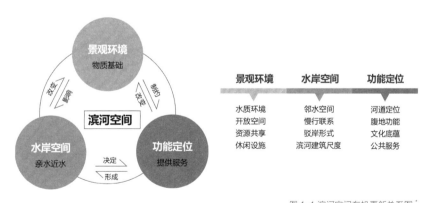

图 1-1 滨河空间有机更新关系图*

————————————

* 本书图片除标注"来源"的，皆为作者绘制。

早期城市滨河空间多为产业衰退地区，如英国伦敦的泰晤士河、法国巴黎的塞纳河、美国芝加哥的芝加哥河等滨河区，都因城市产业结构升级而面临建筑老化、人口减少、环境恶化、犯罪率升高等问题，对于这些区域的更新往往可利用荒废的滨河地区开发商业设施和住宅，带动滨河地区的重生。但当时的发展模式是一种快速的、随机的模式，伴随房地产的开发，早期城市滨河地区的更新以经济利益为主，在改造的过程中对城市社会生活与经济结构也产生一定破坏，引发出一系列新的城市问题。

随着生活水平的提高，人们对城市公共空间品质的需求也显著增加，成功更新的滨河地区开发模式往往以有机更新为主，且强调综合性和多元性，如通过保留历史建筑和环境、保护和利用老的建筑设施，实现滨河地区历史文脉和场所精神的延续。在提升滨河空间品质的同时，让现代生活和历史文化在城市滨河空间这一载体上得到很好的交融，从而实现城市真正的"更新"。近些年来，很多城市的滨河更新改造都取得了很大的成功，如英国伦敦的摄政运河从交通型运河成功转型为生活型运河。1820年，摄政运河全段贯通，承载运输货物的重任。第二次世界大战后，经过工业结构转型，摄政运河逐渐衰落，变得"落后""肮脏""危险"。至1974年后，随着伦敦快速发展，摄政运河脱离运输功能，向休闲娱乐方向转型。这一时期，摄政运河再次繁荣，成为旅游休闲的热门地。随着运河沿岸游憩空间的塑造及邻河景观建筑的建造，摄政运河周边已经逐渐演化成伦敦的核心地区。

» 第二节 «

相关理论及研究综述

一、滨河空间相关理论

笔者以"滨河空间"为主题词，对中国知网等中文核心期刊库进行文献检索，一共检索到 420 篇文献。20 世纪 90 年代初由于中国的经济条件，在滨河系统更新上投入资金有限，相关研究较少，故知网上相关文献的时间跨度为 1996—2024 年。随着 2005—2006 年国外的城市滨河空间研究进入转型期，可获得的相关数据与量化研究成果日渐丰富，因此，以"滨河空间"为主题的研究文献数量从 2007 年之后逐渐增多，后由于 2013 年巴黎市宣布将塞纳河左岸滨河机动车快速道改造为景观慢行大道、2017 年上海基本完成黄浦江两岸 45km 岸线贯通、2020 年上海完成苏州河沿岸 42km 滨河空间基本贯通等重要事件，国内外相应时期研究成果数量也出现大幅度上升（图 1-2）。

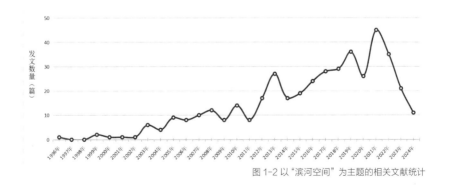

图 1-2 以"滨河空间"为主题的相关文献统计

从研究阶段上看，对于"滨河空间"的研究大致分为三个阶段。①理论引入与初步实践阶段（20世纪90年代中后期至21世纪初），这一阶段主要研究的是探讨如何通过规划、设计和管理等手段来提升滨河空间的质量和价值。②全面发展与深入研究阶段（21世纪初至2014年），随着城市化进程的加速和人们对城市环境和生态的关注度不断提高，滨河空间的研究逐渐从单一的景观设计转向了更为综合的城市设计和生态保护领域。这一阶段的研究重点包括滨河空间的生态保护、历史文化传承、公共空间利用等方面。③理论与实践相结合的阶段（2015年至今），对"滨河空间"的研究更加注重理论与实践的结合，上海、杭州等大城市开始重视滨河空间的更新改造。

从相关理论看，现有滨河空间主要涉及两种主要理论。一种为"场所"营造。"场所"及"场所精神"的概念由挪威的建筑学家诺伯舒兹提出。诺伯舒兹在《场所精神：迈向建筑现象学》一书中提到场所是市镇、村庄到住宅及其内部的一系列环境层次。在场所营造的相关研究中，一般根据空间的尺度、形态、功能及其复合程度，将场所分为三个层级：场所单元、场所组团和场所系统（表1-1）。另一种为以滨河空间推动城市发展的模式。通过打造城市滨河区特色空间格局从而推动城市发展，在这一过程中，往往将滨河空间建设与城市土地开发紧密地结合，如通过水环境治理，恢复并强化水资源的生态功能和景观丰富度；又如通过整合现有的城市空间，完善滨河区商业及公共服务功能，为城市滨河地区发展提供足够的开发空间和项目投资，形成一种可持续的城市发展模式。基于这一模式，大量的功能设施设置在滨河空间这一重要公共节点上，满足了未来人们对滨河地区的公共空间需求。

对象层次	概念界定	物质构成	功能特征	形态特征	承载活动	举例
场所单元	是城市中具有吸引人群聚集、驻留、产生活动的空间单元，是在城市或片区中具有公共活力和地标性质的空间节点	开放空间	休闲、娱乐为主	点状	公共活动	广场、公园
		公共建筑	特定功能或混合功能	点状	公共活动与私密活动	博物馆、音乐厅、咖啡厅、酒吧
场所组团	是具有紧密联系和共同特性的建筑或建筑群及其外部空间共同组成的复合场所结构，与场所单元相比，具有更加复杂的社会功能	建筑群+外部空间	混合使用	块状	公共活动与私密活动	文化创意区、商业购物街区
场所系统	是相对完整的城市区域，具有明显的片区特征和可识别性，并且区域内具有相互联系并充满活力的公共空间	建筑群+外部空间	混合使用	网状	公共活动与私密活动	城市滨水区、城市中心区

表 1-1 场所营造对象层次

二、城市有机更新相关理论

城市有机更新是一种小规模、渐进式的城市更新方式，它遵循城市内在发展规律，强调在更新过程中保持原有的结构特征。这种更新理论源于西方 19 世纪工业革命后对"城市病"的反思。"二战"后，随着"城市更新"运动而产生的规划思想及理论对城市有机更新产生了深远的影响。其中帕特里克·盖迪斯的人本主义思想被认为是西方较早的城市有机发展理论的基础。该思想在 20 世纪 60 至 90 年代得到进一步发展，如埃里克·芒福德强调"人的尺度"，简·雅各布斯强烈反对大规模城市更新而主张小规模、分阶段改造以适应城市发展并保持活力。20世纪90年代后，西方城市更新趋向多元化和渐进式的改建，强调可持续发展和保护城市历史特色。有机更新理论对现代城市更新具有重要的指导作用。

我国的城市更新大致经历了三个时期：一是1949—1989年政府主导下的城市更新时期，当时，我国整体城市建设水平不高，相关配套设施建设落后，因此这一时期的城市规划和更新活动以政府主导的改善居住和生活环境为重点，其主要目标为解决最基本的民生问题，如20世纪80年代北京市对菊儿胡同、小后仓等进行改造。二是1990—2009年政企合作下的城市更新时期，随着土地和住房改革，市场力量不断增强，这期间城市更新的主要目标为推动城市经济的快速发展，如上海思南公馆历史风貌改造、新天地改造，深圳市大冲村改造等更新项目，通过政企合作拓宽融资渠道，有效缓解政府的财政压力，降低政府独自承担投资不力的风险。三是2010年至今多元共治的城市更新时期。随着我国城市发展从粗放化、外延式增量发展转为精细化、内涵式存量提升发展，城市建设越来越重视公共利益来实现高质量发展，如广州市永庆坊更新项目、北京市劲松社区改造项目，均呈现出政府、企业、社会多元参与和共同治理的新趋势。

"有机更新"的概念最早于20世纪70年代末由吴良镛在其主持的什刹海规划项目中提出，并于1987年运用在了北京的菊儿胡同项目中，吴良镛又于1998年进一步提出了山地人居环境的规划应贯彻可持续发展的原则。2007年后"有机更新"理论也逐渐地被拓展运用到旧村改造、美丽乡村建设、快速城镇化的再更新等方面。2016年后"有机更新"理论的研究对象进一步聚焦，由原先解决历史街区村落、快速城市化问题，聚焦到旧厂区、城市街头绿地、社区空间的更新改造当中。

笔者以"城市有机更新"为主题词，对中国知网等中文核心期刊库进行文献检索，时间跨度为1990—2024年，一共检索到984篇文献。随着2015年中央城市工作会议上提出推动城市发展由外延扩张式向内涵提升式转变，2016年中共中央、国务院发布的《关于进一步加强城市规划建设管理工作的若干意见》提出"有序实施城市修补和有机更新"，以"城市有机更新"为主题词的研究文献数量从2016年开始大幅度上升；随着2020年"实施城市更新行动"首次写入我国五年规划，"十四五"时期及未来一段时间，城市更新的重要性提到前所未有的高度，相关政策及文献研究也进入密集期（图1-3）。随着近年来国内学者对有机更新理论的持续研究，有机更新理论已经从城市聚焦到特定的城市区域，由面域集中到点域，并在不断地充分完善。

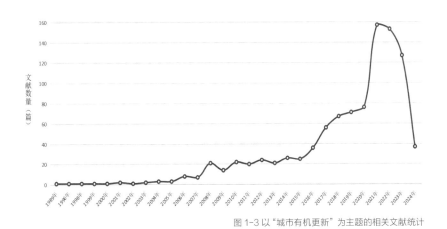

图1-3 以"城市有机更新"为主题的相关文献统计

三、城市活力论

"城市活力"代表人与自然和谐共处中的良好能力，是城市文化实力的重要体现。激发城市活力是实现城市高质量和可持续发展的重要途径，也是体现城市治理精细化水平的重要维度。笔者以"城市活力"为主题词，对中国知网等中文核心期刊库进行文献检索，时间跨度为1985—2024年，一共检索到457篇文献，相关研究文献数量从2000年之后整体呈上升趋势，对城市活力研究的关注度持续增加，尤其是2016年以来，随着大数据应用的普及，通过应用新技术辅助学科交叉、数据分析来评价城市活力的研究逐渐增多，2020年年初的新冠疫情更是让人们关注到城市人口恢复水平及城市消费发展趋势等影响城市活力的要素，相关研究成果数量大幅度上升（图1-4）。

"城市活力"的概念最早由简·雅各布斯（1961）在《美国大城市的死与生》中提出，她认为城市活力与街道、广场、公园等场所可识别

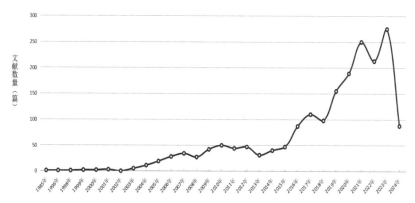

图1-4 以"城市活力"为主题的相关文献统计

的人群公共活动有关。她指出城市具有活力需要满足四个条件：一是具有两个以上的功能性空间以吸引人们走出家门；二是街道短，有足够多的路口；三是有不同类型的建筑以满足各层次人群的居住需求；四是有足够密集的人口和建筑。凯文·林奇（1984）在《城市形态》中将"城市活力"作为评价城市空间形态质量的首要指标，他将"城市活力"定义为：一个聚落形态对于生命机能、生态要求和人类能力的支持程度，其中最重要的是，如何保持物种的延续。

国内相关学者也陆续提出了自己的观点看法，如蒋涤非（2007）在《城市活力形态论》中对城市活力定义为：城市旺盛的生命力，即城市提供市民人性化生存的能力。卢济威（2016）认为城市活力即城市的旺盛生命力、城市自我发展的能力，是城市发展质量的主要标准，主要包括社会活力、经济活力和文化活力。钮心毅（2019）认为街道人群活动强度的时空特征可以量化测度街道活力。

近些年来，国内外各行各业相关会议论坛很多以城市活力作为主题开展专家讲座或研讨，如2016年11月3日中国建筑学会建筑师分会年会以"城市活力"为主题进行了交流与探讨；2021年由中国新闻社指导、中国新闻周刊主办的2021年度活力城市大会在广州举办；2022中国城市更新论坛韧性社区分论坛主题为"韧性社区，走向活力城市"；2022年上海首届"全球24小时活力城市论坛"成功举办；2023年，上海市建筑学会组织的"体育空间焕新城市活力论坛"在徐家汇体育公园成功举办。

从研究内容上看，国内对城市活力的研究历程大致可以分为两个阶段。一是初步探索阶段（20世纪80年代至21世纪初），城市规划研究者们开始关注城市活力的问题，认识到城市活力对于城市发展和居民生活质量的重要性，并从城市经济、社会、文化等多个角度探讨城市活力的内涵和影响因素，为后续的研究提供了基础。二是深入研究阶段（21世纪初至今），随着城市化进程的加速，城市问题日益复杂，城市活力问题成为研究的热点。在这个阶段，规划研究者们主要关注城市空间结构、城市文化、城市经济、城市社会等多个方面的问题，且研究逐渐向综合性和系统性的方向发展。通过综合分析城市的发展历程、人口结构、产业结构、文化特色、环境质量等因素，全面了解随着人民需求的提升，城市活力的内涵和影响因素所发生的转变，探索提高城市活力的路径，促进城市可持续发展。同时，许多大型城市还加强了城市更新力度，通过改善城市环境、提升城市形象等措施，提高了城市的吸引力和竞争力。

而城市中的滨河空间作为承载市民日常公共活动的重要地带，也是展示城市文化颜值的保障线。随着转型中的城市更新行动有效推动城市的高质量发展，人民生活水平也在不断提升，设计师、规划师需要与时俱进，聚焦人们对美好生活的新需求。滨河空间更需要通过规划设计，围绕不同人群的需求，提供更优的供给服务。

» 第三节 «

滨河空间更新演进历程

从历史上看，人类依水而居，城市因水而兴。今天的滨河地区更新更加关注对公共性、公益性城市功能的提供，重视滨河公共休闲空间的融入，最大程度实现生态价值的转化，还水于民，还岸于民。国外有关滨河空间更新问题的研究则在20世纪60年代就已经开展，通过初期的探索到慢慢成熟、发展革新后不断提升，理论和实践方面都处于比较领先的水平。

城市滨河空间的演变过程往往按照"因水而生—背水而建—回归水岸"的规律。早期城市大多傍水而建，城市中的水体主要承担着军事防御功能，滨水地区提供了居民生活中公共交往的主要空间，这里往往是城市中最繁华、最有活力的区域；随着工业革命以后城市的人口及用地的发展，水上航运业逐渐发达，大多数城市都在滨河区域建了码头和港口，工厂、仓储开始大量占据滨河空间（图1-5），城市发展也逐步向内陆延伸，这使得城市滨河地区自然生态环境受到生产生活废弃物的污染。之后进入铁路运输陆上交通时代，原来依托河流的水运交通枢纽功能被大大削弱，原有工厂、仓库、客栈和码头在不同程度上出现被废弃的现象，滨河空间环境品质急剧下降；随着产业结构的调整及"以人为本"价值观念的回归，滨河空间衰落问题开始引起各方关注（图1-6），尤其在各城市的规划建设中，开始重新认识城市滨河区的潜力，对水系的生态环境、景观旅游、游憩休闲等功能日益加强。满足公众休闲游憩需求的城市滨河空间复兴计划成为规划的重要一环，各地都开始通过滨河地区的更新、开发来提升和重塑城市形象，掀起了让城市重返滨河区的运动，尤其是在城市化高度集中的城市地区，滨河地区的价值得到重新认识，满足了久居钢筋水泥中的城市居民亲近自然的需要（图1-7）。

图 1-5　1948 年的苏州河两岸以工厂和空地为主　　图片来源：天地图・上海

图 1-6　1979 年的苏州河两岸逐渐增加居住功能　　图片来源：天地图・上海

图 1-7　2023 年的苏州河两岸以公共空间为主　　图片来源：天地图・上海

　　在滨河空间更新过程中，往往通过延续或发掘滨河沿线空间特色及城市记忆的空间特色，来实现区域的整体提升，而这些更新往往涉及三种类型。第一类为改造和再开发，随着占据着大量滨河空间的工业企业和港口逐渐衰落，城市需要结合高质量和可持续发展目标重新对滨河空间予以布局，这也为城市重建滨河地区带来了新的机遇。通过重新定位，滨河地区被赋予了新的城市功能，重新融入城市环境之中，如伦敦金丝雀码头前身是码头区（Docklands），重建后，成为伦敦最重要的金融中心之一（图1-8）。第二类为历史保护与传承，城市的滨河地区见证了城市的历史事件和城市形态的发展历程，有着深厚的文化底蕴。具有历史价值的滨河地区在维持原有肌理的基础上，重在修缮复原，保护历史风貌，如伦敦南岸艺术区将废旧港口码头和古老仓库改造为文化旅游区，旧发电厂改造为泰特艺术馆，实现了历史建筑与现代艺术的完美结合（图1-9）。第三类为新区开发，随着城市的发展，城市边界也在不断动态化波动性地扩展，原本不承担城市重要功能的滨河地区，也逐渐形成满足现代城市功能、满足人们生活需求的活力空间，如上海苏州河畔的天后宫、黄浦江畔的世博园等（图1-10、图1-11）。

图 1-8 伦敦金丝雀码头*

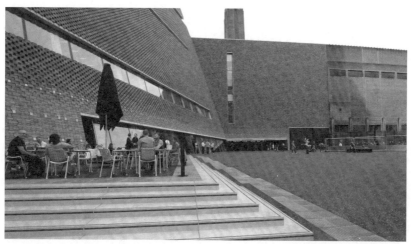

图 1-9 伦敦南岸艺术区　图片来源：袁蹓摄

---

* 图片来源：奇幻设计坊|金丝雀码头：从繁忙的货运码头到繁荣的金融中心[EB/OL].(2024-4-27)[2024-9-13].https://mp.weixin.qq.com/s/_OrCiR_S2No56fSrNn07QQ

图 1-10 天后宫

图 1-11 世博文化公园

第二章
滨河空间发展特征
与问题梳理

Chapter 2 Characteristics and Issues
of Waterfront Space Development

» 第一节 «

发展特征

一、特征1：功能不断演进变化

从农耕时代的灌溉用水，到工业时代的生产用水、航运需求，河流的功能一直在随着经济社会的发展而不断更迭，相应的滨河空间的功能也从服务于基础设施建设、工业发展和码头运输，逐步向集生态、休闲、商业等多业态于一体的综合城市空间转变。

作为城市公共环境的重要组成部分，滨河空间承担着维护生态安全、保护文化遗产、展示城市风貌、开展公共活动等一系列复合功能。伴随人民对美好生活的向往不断扩展到滨河地区，其对高品质公共空间的需求日益增加，更需要融合多元功能、多种活动的滨河公共空间。

例如苏州河作为上海的母亲河，是上海城镇和近现代产业发展的依托，其沿岸的变迁是上海城市发展历程的缩影。苏州河源于东太湖的瓜泾口，两岸曾是丰沃的农田。上海开埠以后，两岸的民族工业不断崛起的同时也带来了一系列污染问题。自1988年起，为解决"黑臭"问题，苏州河一共实施了四期综合整治工程。至2020年，苏州河沿岸累计辟通了约63处"断点"，新建了约15km滨河"绿道"，串连了两岸约150万 m² 绿地和开放空间。近年来，苏州河的发展变化从水体治理逐步向岸线贯通、功能提升、公共开放的方向演化过渡。滨河地区不断复兴，大量历史建筑被盘活并再利用，滨河空间环境品质得到整体提升（图2-1）。

图 2-1 苏州河沿线的公共空间　　图片来源: 吴桐摄

二、特征 2：市民生活的载体

人类自古"逐水而居"，水孕育了生命，创造了文明，滋养了生活，也促进了城市的诞生、延续和发展。从农耕时代起，为满足饮用水和灌溉的需要，人类就选择傍水而居，特别在我国长江中下游地区，河网密布，滨河空间更是主要的生活空间，民居沿河网行列排布，大河沿岸逐步建起港口，进一步带来了商品的流通和集市的繁荣。

如今的滨河区更新，从人、空间与时间的维度出发，面向城市的变化与多元的需求，滨河区往往构成城市人气最为积聚、最具有活力的区域，它不仅提供了更多的开放空间和公共服务设施，也提供了有效的服

务、多样的感受。如上海苏河湾万象天地的更新便是通过多元功能设置
及与公共开放空间的融合，打造出新的城市活力核心；通过艺术展演、
文化交流、活力运动等体验活动，让市民在这里能寻觅到一处可以完全
放松的"后花园"（图 2-2）。又如坐落于宁波最繁华的三江口北岸的宁
波老外滩，充分利用现有的广场、码头、沿江长廊等公共空间，不仅增
设沿江绿道景观小品、外滩雕塑等配套设施，也通过经常举办音乐节、
艺术展览等各种文化活动，为市民提供丰富的文化体验。再如广东佛山
的佛山水道，一河两岸绿树成荫，沿途风景如画，在这里，经常举办赛
龙舟与徒步的比赛，以及灯光秀等活动，同样为市民营造出一处城市、
生态、文化共融的艺术滨河空间。

图 2-2 上海苏河湾万象天地为市民提供了休闲放松的空间

三、特征3：历史文化的映射

河流沿岸自古作为居住聚集地，见证了城市发展历程，也镌刻着深厚的历史文化印记。借助设计的力量，滨河空间成为传承历史文脉、彰显城市品格的新载体，让人们在观瞻流淌的江水时感悟古韵新风。

以上海市徐汇区的龙华港为例，"龙华"之名源于龙华寺。相传三国时期孙权为其母兴建龙华寺，迄今超过1700年，为上海地区最早的佛寺。龙华港蜿蜒曲折，民间素有"先龙华后上海"之说。龙华港有400年历史文化遗产的"龙华庙会民间文艺"，有被列国家级非物质文化遗产名录的"龙华庙会"（图2-3）。每年农历三月，龙华寺香汛、三月半庙会及三月桃花盛集一时，香客、商贾、游客和踏青赏花者纷至沓

图2-3 升级改造后的龙华寺前广场举办2024上海龙华庙会

来，为沪上形胜之地。近年来，龙华寺前广场升级改造，以及大型商业综合组团——龙华会开幕，龙华港滨河空间重现昔日的繁荣盛景。

四、特征4：城市形象的代表和更新的热点地区

滨河空间往往具有开放性、展示性、共享性，有利于形成城市良好的天际线，沿河布局标志性建筑、公园和开放空间等，对城市整体形象的塑造具有非常重要的作用。例如英国伦敦泰晤士河在发展过程中将两岸作为核心空间，重视两岸的均衡发展，对一系列重点地区进行更新建设，泰晤士河成为了城市重要的生活场所。比如作为重要的金融区和购物区的金丝雀码头、历史文化要素集聚的南岸艺术区，以及从废弃建筑到现代新地标的巴特西发电站周边区域等，这些更新后的区域构成了城市形象的重要代表，也不断为城市的经济社会发展注入新的活力。

事实上，滨河空间成功的更新建设，不仅需要对城市的本质、城市滨河区的功能进行全方位的思考，而且也需要足够的总体性与战略性，使公众利益得到长期的发展。而对地区发展产生具有重要影响的滨河地区更新，不应是出自一人之手或局部片段式改造，相反，它应是以一系列系统性的规划、创造性的设计、多元功能的植入、不同人群的服务来实现；它应能融入城市总体空间发展结构，与周边主要功能区域的发展实现有效互动，应考虑原有城市肌理、城市活动、外部空间与特色建筑的保留和延续，加强滨河地区整体协调性、保有空间的开敞度和共享可能，提升滨河地区的品质与整体景观形象。

》第二节《

存在问题

一、管理部门多元交错

由不同部门在同一河道及滨河陆域内编制的各类规划，受限于各自的职能管辖范围与专业侧重的不同，不可避免地存在一定的局限性和片面性。传统的河长制工作的核心内容是水质治理，对沿岸景观的多样化、活动场所的多元化、设施配套的人性化等方面有所忽视，造成当前岸线模式普遍较为单调枯燥，不仅隔离了水岸空间的连接，也减弱了市民近水、亲水的心理意愿。同样，沿岸腹地更新类项目着眼点为蓝线之外的陆域空间，受限于土地产权划定等历史和现实因素，造成很多邻河地块边界线与河口控制线"无缝相接"，因地块的封闭管理造成很多滨河岸线无法贯通，导致滨河公共资源丧失了应有的公共属性（表2-1）。

主管部门	市政水务部门	规划资源部门	建设交通部门	文化旅游部门	市容绿化部门
主要工作块面	防汛安全、水质提升、泵闸改造、海绵城市	地区定位、空间结构、腹地更新、节点设计	跨河桥梁、亚河通道、公交站点、游船码头	历史保护、特色打造、活动组织、旅游策划	截污治污、景观设计、生物种类、设施小品

表 2-1 滨河地区不同主管部门承担的主要工作内容

以上海市张家塘港与黄浦江的河口泵闸为例，张家塘泵闸建于 1999 年，是解决淀浦河以北、苏州河以南、中山路以西地区防汛和排涝安全的重要闸口之一。现状泵闸选址于龙川北路东侧，距离黄浦江约 2km。由于选址过于深入腹地，而闸口以东较长的河道岸线的防汛等级是参照黄浦江千年一遇的防汛等级要求来划分的，封闭坚固的防汛墙设施极大地削弱了岸线的亲水体验功能，与河口处以东已贯通的徐汇滨江公共空间既无法通过步行连通，又与之在空间景观上形成鲜明反差，影响了黄浦江滨河空间公共活力的提升。根据相关部门建议，张家塘泵闸将有望迁移至河口地区，移建后泵闸内侧滨河岸线将不再按黄浦江防汛的超高标准要求，新泵闸的选址建设及老泵闸的改造利用迫在眉睫。但泵闸迁移改造涉及市政水务、建设交通、规划等不同管理部门，决策需要协调市、区不同层级，推进迟缓（图 2-4）。

图 2-4 张家塘港与黄浦江的河口泵闸

二、滨河建设忽视与城市整体发展的关系

滨河建设应考虑与城市整体发展在空间和时间上的衔接，特别是在发展定位、空间结构、功能布局、交通联系、实施计划等方面。河道是城市发展的重要空间骨架，应与两侧腹地共同成为城市的重要组成部分，河道的功能与更新时序应与周边地区的发展同步规划，而不是以带状的生态空间孤立存在。

以上海市徐汇区蒲汇塘为例，就既有规划看，蒲汇塘两岸以公共绿地为主，但通过调研摸排发现，滨河的几个地块中用地属性为工业，现状为闲置出租厂房或快捷酒店等业态，对社区环境影响较大，且隔断了滨河岸线，也阻碍了居民到达滨河地带。但由于业主缺少更新动力，给控规实施落地和蒲汇塘两岸的提升带来重重阻力（图 2-5）。

图 2-5 蒲汇塘局部未贯通岸段现状

三、滨河空间的地域与文化特征逐渐消失

滨河空间是展示城市特色的重要窗口，也是周边居民日常休闲活动的主要外部空间，会影响居民对城市的感知度和体验感。作为"东方水都"的上海，水是上海的命脉。历史上，上海市区的水网十分密集。然而，一方面，随着城市化进程的推进，许多原有的河道逐渐填埋变成马路，市区的河流日益减少，如耳熟能详的洋泾浜原为通往黄浦江的港河，也由于1915年租界当局填河拆桥筑路而从此消失，留下了横贯市区东西向的延安路（图2-6）。另一方面，既有的以防汛、引排等为出发点的蓝线规划，对河道进行了人工截弯取直，破坏了河流的自然形态。河道本应继承延续历史演替的脉络，应展现其地域性、人文性，但这些特征正在逐渐消失（图2-7）。此外，上海现状许多内河的滨河界面和驳岸类型普遍较为单调，历史上"小桥流水人家"的景致被两岸林立的高层建筑和不适宜步行的市政桥梁所取代。

四、规划成果的实施管控作用较弱

由于建设与管控主体之间缺乏协调统筹和配合机制，不同类型规划成果的实施一致性较差，造成规划管控缺乏整体性和精细化，难以发挥其应有效果。同时，管控指标局限于对蓝线宽度、绿带宽度，以及对腹地开发强度、建筑高度、用地性质等基本条件的约束，缺乏管控细节和对环境品质的有效引导，从而导致徐汇滨河地区普遍存在的公共空间匮乏、地区景观相对粗糙、缺乏人性化设计等一系列问题，导致难以有效塑造滨河空间品质和特色。

图 2-6 原来的洋泾浜填埋后变成了上海市区内东西向的通衢延安路高架

图 2-7 龙华港河道走向古今对比

第三章
国内外滨河空间
更新实践

Chapter 3 The Practice of Domestic and International Waterfront Space Renewal

» 第一节 «

国外滨河空间更新实践

一、特色重塑型：巴尔的摩内港，美国马里兰州

巴尔的摩市是美国东北邻城市群的工业港口城市之一，距首都华盛顿约60km，城市中心区的南部即是内港（图3-1），城市空间紧凑、尺度宜人，2005年被评为美国最适合步行的10个城市之一。

内港自建港以来至20世纪初，码头区一直是城市重要的物流和商业活动中心。然而自"二战"后至20世纪40年代末，在交通运输方式变化的大背景下，巴尔的摩市与美国其他港口城市一样，"港城关系"发生了重大改变，内港的业务开始萧条并向外迁移，同时市中心区向纵深发展，昔日繁荣的内港区出现了全面衰退的景象。巴尔的摩中心区的

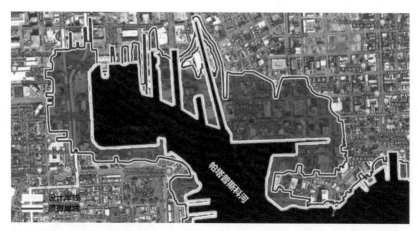

图 3-1 巴尔的摩内港更新前后岸线

复兴计划萌芽于 20 世纪 50 年代，1957 年第一个城市更新项目查尔斯商业中心付诸实施，此后启动了内港及周边地区更新改造行动。更新设计方案保留了原有的滨河空间模式和几栋有历史价值的标志性建筑，并在释放的土地资源上引入以商业、办公和游憩活动为开发导向的新的功能业态，打造具有滨河特色的商业磁力中心，增加对购物者与旅游者的吸引力。

更新后的内港区对滨河岸线重新予以梳理，完善了滨河岸线的生态系统。如沿滨河岸线布置了舒适的滨河慢行步道和广场空间，以及酒店、办公楼、博物馆和水族馆等不同功能形态的建筑物，既丰富了滨河景观，又为人们近水亲水的公共活动提供了连续的场所。为加强联系，在内港区与城市商业中心两者之间还建设了空中步道系统，两个大型更新项目相互支撑，构成了城市中心区发展的"触媒"。到 20 世纪 80 年代，一些大型公共建筑陆续建成，滨河区功能日臻完善与成熟，环境质量及人气不断提高，一年创造的房地产税收高达 2500 万~3500 万美元，创造新的就业机会三万个。港湾广场（Harbor Plaza）是一座大型综合购物中心，它作为内港区的门户，是内港区风貌景观的点睛之笔，每年能吸引游客和当地居民约 1800 万人次。

复苏计划的成功实践，使内港区在促进城市经济发展、促进城市活力和提升城市形象方面都取得了显著效果，成为整个美国乃至全世界城市滨河区更新改建的经典范例。内港区改造的运作模式十分独特，采取政府与私人公司合作的开发模式，市政府成立了"查尔斯中心内港管理有限公司"，公司购买了内港区的所有土地并进行清理，然后将"熟地"出让，由私人资本依据城市设计方案进行开发和建设。2013 年，为了使内港区具有新的发展动力，在原有城市设计格局的基础上扩大占地规模，划分为内港、内港东、内港西三个部分（图3-2），明确了各自的功能定位，全面理顺各结构系统，从而进一步发挥内港区对周边滨河腹地的辐射带动作用。

为保证实施方案切实可行，更新设计多次现场调研，规划、建筑、景观等专业技术人员及相关居民和公司座谈并开展工作坊，探索设计方案、研究内港区的特色、基础设施、公共空间质量、公共领域及建筑需求，从中发现问题，有针对性地提出更新方案，确定城市设计原则如下：强化巴尔的摩的本土特色；尊重历史场所、生态和自然资源；建立科学的设计理念和实施决策体系。

更新实施方案重点体现出四个设计要点：① 建立连续的滨河散步道；

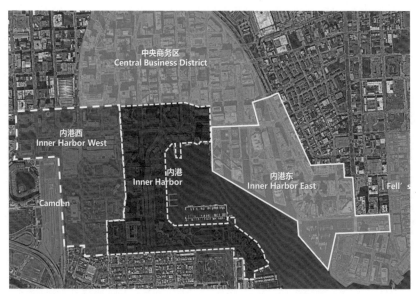

图 3-2 巴尔的摩内港区分区示意

② 建立城市与社区之间密切的联系；③ 建立绿色基础设施及雨洪管理系统；④ 建立有吸引力的活动聚集地（图 3-3）。在主要节点公共领域设计的方案选择上，设计团队提出不同的设计方案，随后广泛征求社会各方面意见并修改完善，使每个节点都最大可能让使用者满意，最终形成完整的公共领域设计总图，以及详尽的设计导则。除了公共领域整合设计以外，设计团队针对如何塑造滨河带活力空间做了专门策划。内港城市设计仅涉及 2.5km 长水域范围，设计方案最后对 16km 长内港加外港水域范围的滨河廊道提出了远期设想，规划出包括环内外港水域范围的一条滨河步道供骑行、观光和休闲活动，以期进一步强化巴尔的摩滨河特色，挖掘滨河环线的工业资源、历史资源和生态资源，为巴尔的摩远期发展积蓄动力。

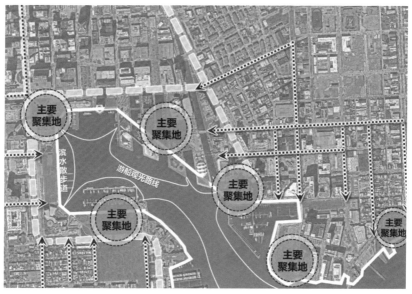

图 3-3 巴尔的摩内港概念性方案设计

二、功能复合型：芝加哥河，美国芝加哥

位于美国芝加哥市的芝加哥河见证了城市发展的繁荣、衰落与崛起，该河全长约66km，宽约60m，分为南支流、北支流和流经城市中心区的主支流（图3-4）。

19世纪末20世纪初，芝加哥已发展成美国最大的钢铁中心、制造业基地，但同时工业的发展也使芝加哥滨河地区的城市环境日益恶化。伯纳姆(Daniel H. Burnham)于1909年完成的著名的"芝加哥规划"，对芝加哥滨河区整治改造提出了很好的建议，随后芝加哥市政府也制定了一系列保障湖滨地区开发与建设的政策措施。虽然芝加哥湖滨地区处于突出地位，河道作为城市公共空间的作用却被忽视了，一直未有实际的实施计划进一步开发。面对城市经济衰退和工业发展带来的水质恶化、生态破坏等问题，芝加哥市政府陆续推出了《城市中心区段河流的设计

图3-4 芝加哥河区位图

导则》《芝加哥河道发展规划和设计导则》《芝加哥总体规划》《芝加哥区划法》和 2016 年起实施的滨河步道项目等文件及改造措施，并对芝加哥河进行了河道整治、工业遗留改造，以改善水质、优化生态环境、提升开放空间可达性和公共性。

进入 21 世纪，河流所扮演的角色随着城市功能的多元化发展再次转换，芝加哥积极推进滨河步道计划，芝加哥河成为展示城市特色的橱窗、重要的城市生活场所，重拾城市生态与休闲功能。2012 年，设计团队对滨河步道景观进行了重新设计，旨在提升河滨空间的休闲性与生态性，营造开放共享的城市公共亲水空间，为公众提供新的城市生活场所。同时在威克大道滨河步道的基础上，打造独立连续步行系统，贯穿城市中心区，串联了芝加哥河滨河绿地与密歇根湖湖滨绿带（图 3-5）。重新设计后的芝加哥滨河步道景观在河滨空间的休闲性与生态性、营造开放共享的城市公共亲水空间方面都有很大的提升，为公众提供了新的

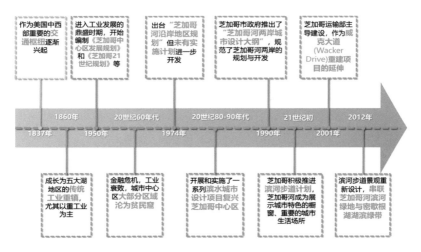

图 3-5 芝加哥河道更新演变历程

城市生活场所。更新后的芝加哥河主支流被划分成四个不同的功能区：生态的河道汇流区、功能多元的拱廊区、承载公共活动的市民区与活力的市场区。威克大道作为重要的构成部分形成了上、下两层步行系统，上层为观景平台，下层为滨河步道。威克大道观景平台高度约6.4m，作为餐饮、零售等商业空间。下层既有步道向河内扩建，将堤岸式滨河空间改成互动性更强的亲水空间。既有步道与扩建步道通过坡道、台阶连接，在满足泄洪垂直高度2.1m要求的同时，改善人们与滨河之间的亲水关系（图3-6）。

　　如今，芝加哥市已形成一系列的管理机制、规划与法规大纲及实施办法以管理和开发城市的公共空间，尤其是湖湾地区及芝加哥河两岸的公共空间，以维持和不断改善城市的生活和工作环境，促进经济的增长。更新后的芝加哥河滨河生态环境得到了整体提升，形成了整体野生动植物栖息地及水生生态系统，滨河沿线增加了大量体育健身、文化娱乐、科普教育类设施，不断增加公共空间，成为城市休闲及举办节庆活动的承载地。

图 3-6 芝加哥河道沿线设计

三、生态修复型：清溪川，韩国首尔

位于韩国首尔的清溪川（旧名"开川"）始建于 1394 年，河流全长约 11km，共有 22 座桥梁跨越河两岸，从文化艺术空间清溪广场出发，流经首尔市中心，最后流入汉江（图 3-7）。有着悠久历史的清溪川见证了首尔这座城市 600 多年的发展，曾是朝鲜王朝的"生活之川"。

20 世纪 40 年代，随着韩国城市发展和经济增长，大量排入河道的生活污水和工业废水严重破坏了清溪川自然生态环境，此后首尔市政府在很长一段时间里用水泥板将清溪川这一市中心河道封住，并在上面建设高架桥以缓解城市快速发展带来的交通压力。原来的清溪川变成了一条暗渠，它上面的城市空间则发展成了首尔市的中心区，然而也带来了噪声污染、煤烟直接排放、高架桥混凝土剥落等环境和安全问题。2002 年，首尔市政府提出复原清溪川的计划，拆除高架桥，并对河流实施水环境治理和复兴改造，此后，清溪川整个改造工程花了 2 年零 3 个月时间，直到 2005 年，清溪川获得了重生，通过重新挖掘河道、恢复生态平衡、桥梁建设、复原历史文化遗迹、两岸腹地注入新的城市功能等工程，清溪川恢复为城市生态商业游憩中心区。

更新后的清溪川衔接首尔市政设施规划，形成了完善的城市污水处理系统和截污管网，清溪川的供水一部分为抽取经处理净化过的汉江水，另一部分采用经处理的地下水和雨水，应急情况下少量使用市政中水补给，从而保证清溪川一年四季水流不断。与此同时，也维持了河流的自然性、生态性和流动性。此外，通过集成运用自然化的河流生态修复技术，恢复河流的自然风貌及深潭、浅滩、湿地等原生环境，解决河道供水与泄洪问题。至 2016 年，更新后的清溪川下游地区的动植物物种从 98 种迅速上升为 314 种；进入市中心的车辆减少了 2.3%，清溪川流域的空气、噪声污染程度有了明显下降，这里的平均气温要比市中心其他区域低 3.6℃；开放后清溪川平均游客量约 7.7 万人次 / 天。这些变化不仅为城市中的市民营造了可亲近的自然空间，更为举办各类民俗庆典、时尚文化等活动提供了场所，使清溪川成为城市高品质的特色空间（图 3-8、图 3-9）。

图 3-7 韩国首尔清溪川区位图
图片来源: 作者改绘

图 3-8 更新后的清溪川环境实景①（2023 年）
图片来源: 谷蒙欣摄

图 3-9 更新后的清溪川环境实景②（2023 年）
图片来源：谷蒙欣摄

» 第二节 «

国内滨河空间更新实践

一、特色重塑型：南京秦淮河

南京秦淮河是长江下游的重要支流，流域大部分面积都在南京市江宁区和雨花台区内，流经南京市内的秦淮河为 20 世纪 80 年代人工开挖的人工河道，历史悠久，更是南京的"母亲河"。南京市内河流全长 16.88km，为秦淮河的分洪道，承载了行洪、灌溉和航运等功能（图3-10）。以明城墙为界，秦淮河分为内秦淮和外秦淮，在这里有内秦淮河著名的"十里秦淮""六朝金粉"之地，瞻园、夫子庙、白鹭洲、中华门等人文胜迹，也有外秦淮河的石头城遗址、七桥瓮、大报恩寺遗址等久负盛名的自然与人文景观。

图 3-10 南京秦淮河区位图

　　早在 1985 年，南京秦淮河就成为国内著名的游览胜地，然而随着20 世纪 80 年代以来工业化、城镇化的快速推进，南京"重化围江"问题严重，秦淮河沿岸土地空间乱占乱用，大量生产生活污水也流入河中。相关部门虽然努力更新，但在 2016 年前，秦淮河老城区水质常年不佳，河道逐渐出现渠化、硬化等问题，水生态系统退化，流域生态安全面临挑战。2016 年起，南京秦淮河沿线就开始开展持续性的整治提升等有机更新工作，极大地提升了沿河两岸滨河空间活力（图 3-11）。

　　一方面，恢复自然岸线还给人民。随着更新整治的完成，截至 2023 年，秦淮河的自然岸线率达到 90.4%；结合金陵文化发展脉络，对河道两岸生态景观予以改造，通过分段的方式提升及增加街头绿地、岸坡绿化，提升滨河绿带、亲水步道、景观小品，改善滨河空间的可达性和亲水性，逐步实现沿秦淮河全段景观优化、滨河人行步道贯通，在保护

图 3-11 秦淮河两岸景观（2018 年）　图片来源: 张玲帆摄

自然生态环境的同时关注秦淮河历史真实性、风貌完整性和生活延续性（图 3-12）。

另一方面，赓续文脉再塑秦淮盛景。随着岁月的沉淀，南京城区内秦淮河两岸的滨河空间已经形成了稠密的空间肌理、多元的沿河界面、具有韵律感和层次感的滨河天际线，风貌特征蕴含江南韵味。在此基础上，按照"保护更新老城"的思路对沿河传统民居展开修缮保护，沿河两岸城市功能业态完成绿色转型，一大批先进制造、物流、电子信息和文化旅游等新兴产业的落户，让这条城市休闲文化旅游带形成良性循环，通过文化纽带促进区域融合与创新发展，使之成为一条人水和谐的文化之河。

2010 年夫子庙秦淮风光带晋升为国家 5A 级旅游景区。2021 年，文

图 3-12 更新后的秦淮河沿线水木秦淮文化产业区域（2023 年）
图片来源: 陈喆摄

化和旅游部公示的《第一批国家级夜间文化和旅游消费集聚区名单》中夫子庙—秦淮风光带拟确定为第一批国家级夜间文化和旅游消费集聚区。2023年，秦淮河入选生态环境部第二批美丽河湖优秀案例，秦淮河的更新实践为城市更新赋予了更多内涵，实现了更好地兼顾土地利用集约与增效、历史文化传承与活化利用、城市品质提升与协同治理等多元的发展目标。

二、功能复合型：上海杨浦滨江

杨浦滨江位于上海中心城区东北部，为杨浦区沿黄浦江秦皇岛路至黎平路的滨江带，岸线长度约15.5km（图3-13）。这里曾经属于公共租

图3-13 杨浦滨江区位图

界，1869 年，黄浦江江堤上修筑的杨树浦路，拉开了杨浦百年工业文明的序幕。随后大量工厂应运而生，如 1882 年经李鸿章批准的上海机器造纸局、1883 年英商建立的中国第一座现代化水厂杨树浦水厂、1890年国内最早的机器棉纺织厂上海机器织布局，十分繁华。随着改革期的产业转型，这些曾见证了上海近代工业重要发展历程的工业遗产赋予了杨浦滨江独特的城市肌理和地区风貌。

2015 年，上海启动第一轮黄浦江两岸公共空间建设三年行动计划，旨在实现中心城区黄浦江岸线的全线贯通，创造一个连续的公共开放空间。2019 年 9 月杨浦滨江南段 5.5km 全部打通。2019 年 11 月，习近平总书记在考察杨浦滨江时，首次提出"人民城市人民建，人民城市为人民"重要理念，在面对更新后的杨浦滨江公共空间时感叹"昔日的'工业锈带'变成了如今的'生活秀带'"。更新后的杨浦滨江在规划设计上构建慢行交通系统、增设公共活力空间、传承工业文化遗迹、建立生态防汛体系，同时鼓励多方参与设计，在保护工业遗存的基础上化遗存为现代文明的展示窗口。

慢行交通系统构建方面，沿河布置贯通连续的滨河步道、骑行道和跑步道，形成黄浦江两岸的绿道系统，即"三道"*，串联杨浦滨江各地块出入口、重要公共空间及配套基础服务设施。公共活力空间提升方面，按照"重要节点空间设置距离为 1000m、小广场节点设置距离

---

*　滨江漫步道、跑步道与骑行道组成了上海中心城区黄浦江两岸的绿道系统，被简称为"三道"。三道计划是滨江空间从封闭到开放转变的重要里程碑，在上海这样缺少开放空间的高密度大城市，在滨江空间提供更多户外锻炼的场所，倡导了一种更健康的生活方式。

为 500m"的标准，打造活动丰富，尺度适宜的弹性公共空间。专用颜色喷涂跑步道和骑行道，沿线设有可供停留、休息、补给与医疗服务驿站，全程采用无障碍坡道设计，满足各种年龄段使用者的需求。工业文化遗迹传承方面，通过保留、重建的形式进行更新改造，再利用工厂、码头等工业文化遗迹形成新的空间节点。例如 2023 年世界技能博物馆正式开馆，由百年历史建筑永安栈房改建而成的博物馆，让尘封的老建筑重获新生，其承担起展示国际技能发展历史和最新潮流、彰显中国精湛技艺与大国工匠精神的新使命。此外，人们通过扫描滨江空间中的景观小品或长凳上的二维码，获取历史相关故事和信息，以科技的方式增加人与景观的互动性，从而实现传承历史文化记忆，激活地区活力。生态防汛体系建立方面，将景观与水利相结合建造两级防洪墙。第一级墙顶部与高桩码头地面高度相同，形成连续的活动空间。第二级墙后退了 20m，城市道路与防汛墙之间设计为雨水花园，使墙面隐藏在景观覆土和地形草坡中。种植设计上也分为上层本土乔木、下层草本植物两个层次，这些防汛体系在以弹性的方式应对台风和暴雨的同时，丰富了整体景观效果。

在杨浦滨江更新的过程中还鼓励多方参与设计，尤其关注从儿童到老人等全年龄段人群，也包括居民、工作人员和游客等公共空间使用者，他们对于滨江空间的需求包括运动康体、公共交流、休闲娱乐、文化科普、生态教育等方面。以公众使用需求为导向，专家、居民、设计师和社会组织等多方参与，依据协商讨论后的反馈信息，在主题定位、公共交通系统、慢行系统、文化保护、公共空间和服务设施等方面提出设计方法与策略，使设计与公众需求相匹配。

三、生态修复型：广东琴江老河道

琴江老河道湿地文化公园位于广东省的梅州市五华县，用地面积约27 万 m^2，这里原本是琴江流经五华县的主河道一部分，在 20 世纪 60 年代，由于城市防洪及城市建设的需要，将五华县内琴江原十分曲折的河道新开挖成直线形，弯道大部分被填埋形成了内河道，其中位于华兴南路保留的一小段宽阔河道被建设为五华县人民公园，是城市中少有的面积大且集中的综合性开放绿地，承担着城市中心绿肺的重要使命。

然而因前期建设投入不大且疏于管理，随着城市不断发展和扩张影响，原来的河流生态系统正被导入其中的生活污水等污染物急速破坏，补水量也不充足，生物多样性锐减。生态环境下降、公园活动空间单一、服务设施缺乏等问题导致原来的公园逐渐被城市居民遗忘，只能从周围明清时期的围龙屋布局中依稀辨认出当年阡陌纵横的田园河溪肌理和传统客家聚居文化。这条承载着一座城、一代人记忆的河流需要进行生态保护及恢复，并提供高品质的游憩休闲空间，满足人民的不同需求。

2017 年，琴江老河道湿地文化公园基本完成了更新规划改造（图3-14），重建健康生态环境系统，将文化景观和历史记忆相互交融，在改善城市生态环境的同时，提升了城市景观形象，传承了地域文化，提升了土地价值，增强了城市活力。

生态环境系统构建方面，一是恢复生态栖息地，通过拆除混凝土驳岸改为生态驳岸，为各种乡土水生植物提供生存环境；二是整合原有场地周边鱼塘肌理，将公园创建为以生态水处理、湿地游览和科普教育为主的区域；三是构建生态净化湿地系统，通过沉淀、曝气、植物过滤，调蓄和净化琴江流入的水。

　　景观和历史相互交融方面，一是将历史文化融入景观，在为市民提供公共活动区的同时，考虑历史文化景观的融入，用文化石柱、地雕、石刻等方式精细化表达老河道的历史文化。二是设置连续性的慢行滨河步道，通过建立连续的慢行滨河步道空间，创造更多的亲水空间，人们仿佛又回到了从前的田园河溪场景，利用河道与城市地面的高差，在驳岸上形成台地景观，局部打开作为游人休憩停留空间（图3-15）。

图 3-14 更新后的琴江
老河道湿地文化公园
图片来源：百度地图

图 3-15 各类型的岸线
形式*

---

*　图片来源：棕榈股份.棕榈设计 | 复兴城市河流印记：琴江·老河道 湿地文化公园[EB/OL].(2017-10-27)
[2024-8-1].https://mp.weixin.qq.com/s/JpJ_gBCHY7g3FFfJ_Fd4Tw.

第四章

滨河空间有机更新
方式及其路径分析

Chapter 4 Analysis of Organic
Renewal Methods and Pathways
in Waterfront Space

» 第一节 «

结构优化：将河流纳入空间骨架，促进"城河共融"

滨河地区的发展应当注重与城市发展骨架的融入衔接，通过建立生态的自然空间、连续的公共空间、复合的文化空间，以及亲水的活力空间，塑造多样复合的滨河核心节点，构建城河共融的城市总体空间结构。

一、塑造多样性的复合滨河核心节点

滨河空间是城市中重要的开放节点，是整个城市的形象窗口，而滨河核心的节点更是促进城河共融的城市骨架的必备组成要素。在人们日益重视水环境的今天，滨河空间核心节点的规划与设计成为激活场所公共性、改善城市景观、提升城市形象与促进城市经济发展的重要途径。

徐汇区河流水系在更新建设的过程中，强调滨河核心节点功能的多样性，构建多元、活力的功能性滨河空间体系。首先，根据河道类型、河道分级及核心节点功能布置的不同，设置商业、文化、生态、休闲等多类型主导功能的核心节点，丰富滨河界面功能，形成多样的活动场所，构建具有丰富性、开放性和空间舒适性的滨河核心节点和邻水空间。其次，规划打造滨河的公共活力圈、社区生活圈，通过整合水系周边的文体设施、商业商务设施、轨交站点、公园绿地等功能要素，形成沿河道水系重要核心节点（图4-1）。

图 4-1 徐汇区滨河空间
社区活力圈打造

图例
滨水社区生活圈
现状公共活力圈
规划公共活力圈

二、依托河道纵横脉络，串联城市空间

　　古往今来，城市大都依水而建，河流与城市的发展息息相关，与城市结构雏形相关联，其除了具备"城市之肺"的功能外，也属于城市的"静脉"空间，是串联城市公共空间、贯通城市空间脉络的重要体系。

　　上海市徐汇区的水系网络自古而今都是与城市系统融为一体的，可以说，水系是徐汇区发展的起源。徐汇区最初的城市结构就受水系影响颇深，城区内三条水系经填河造路形成了今日徐汇区三条重要的城市道路，成为整个城市空间中的重要骨架。与此同时，徐汇区道路是沿河构造路网，促进滨河可达，联动水岸实现空间串联。"一轴一带"是现在徐汇城市空间发展重要结构的纵向连通途径，其中连接南北的人文生态发展轴和滨江文化发展带是水系对空间结构的延伸，也是徐汇区与黄浦区和闵行区绿色网络衔接的重要地带。城市空间结构则是由城内的五条天然主干河道通过"以河为廊"的形式串联（图 4-2）。

图 4-2 徐汇横向主干道河道河流廊道

» 第二节 «

生态修复：修复水岸生境，塑造蓝绿交融滨河空间

生态优先理念为滨河地区的规划设计提供了重要指导思想，首先，在保障滨河流域水安全的前提下，在城市整体生态系统中增加对河流廊道地区的考虑，修复河流生态系统；其次，针对不同类型的河道采取差异性的生态驳岸设计，高效修复水岸生态环境；最后，结合海绵城市建设，改善水质，治理雨洪，塑造蓝绿交融的滨河空间体系。

一、借助河流廊道修复城市生态系统

河流水系的廊道空间是城市得以持续发展的关键区域，水体能够影响更大范围内的生态环境，是亟须保护的自然资源，也是未来进行低影响的城市开发和可持续发展的必备条件。很多城市都是邻水发展而来的，水体往往起到塑造城市空间的作用，河流水系廊道更是城市生态网络建设和景观塑造的主要对象，其建设质量直接影响城市整体的生态系统稳定程度，影响城市中人与动物的生态宜居环境。

以上海市徐汇区的环城生态公园带为例（图4-3），该地区属于环城生态带"一江一带"交汇处，东邻黄浦江，北邻外环线。河流水系等生态廊道是城市生态系统的重要组成部分。徐汇区在建设发展的过程中，结合防汛墙后退增加江滩可淹没区域，提升生态价值及蓄洪能力，修复江南景观地貌，理水织绿，在修复河流水系生态的同时也保障了地区的

～ 67 ～

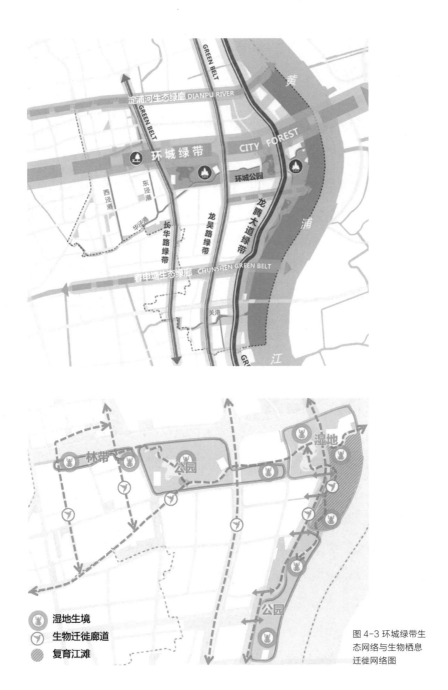

图 4-3 环城绿带生态网络与生物栖息迁徙网络图

水安全。除此以外，已经形成的6条生物迁徙廊道，12个湿地栖息生境，为鸟类、两栖类、哺乳类动物提供生境及迁徙通廊，打造多样化生物群落，保持生态稳定。

二、设计弹性生态驳岸，修复水岸生境

驳岸是水陆之间的分界地带，随着城市的日益发展，驳岸设计要解决涉及城市安全、生态环境、历史文化和空间肌理等多维复杂的问题，因此，滨河地区亟须设计弹性生态驳岸，来修复水岸生境，使人、动物、植物和谐相处，实现城市的可持续发展。

以上海市华泾港为例，华泾港针对不同类型的河道采取了差异性的生态驳岸设计，高效修复水岸生态环境（图4-4）。其根据河道多样的滨河空间，以及河道所处的区位、两侧腹地的功能、资源特色、历史资源禀赋等内容，将河道分为生态岸线河道和生活岸线河道，生活岸线河

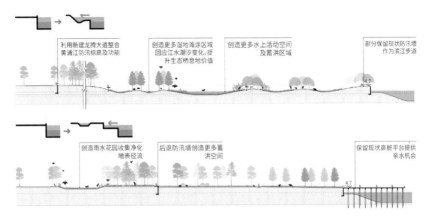

图 4-4 华泾港生态弹性驳岸设计

道包括历史风貌型河道、公共活动型河道、生活服务型河道与创意产业型河道。其中，公共活动型河道是在驳岸上打造多元的滨河景观与开放水岸，形成精致的岸线空间；生活服务型河道强调人居环境，打造亲切宜人的景观；历史风貌型河道是在沿河两岸设置透水铺装和生物滞留设施，架构水下森林与表流湿地，提升水体自净能力；创意产业型河道和生态岸线河道则更强调亲水空间，通过将硬质驳岸和自然结合，设计多级防汛设施，如多级挡墙，以提供多层次的亲水空间。

三、打造蓝绿复合的三级海绵城市空间

海绵城市是通过采取综合的自然和工程措施，实现水的自然积存、自然渗透、自然净化，从而构建生态、安全、可持续的城市水循环系统。海绵城市的空间建设，是以零碳理念为基础，为居民提供生态安全的、"蓝绿相间"的、复合的"海绵体—海绵廊道—海绵社区"的三级海绵城市空间。

以上海市漕河泾为例，其滨河空间的规划设计融入"蓝绿复合"的理念，建构了海绵城市示范岸段，并通过生态廊道调蓄社区空间环境。水下层通过大面积种植挺水植物来构建水下森林，为微生物提供生长的附着空间，增加水体氧气含量。地面层通过建设植草沟，收集、输送和排放径流雨水，产生蓄水净水的作用。此外还可设置生态岛屿，合理引导水流走向，净化水质。强化初期雨水治理，控制雨污排放，架构水下森林与表流湿地，恢复流域的雨洪调蓄与净化功能，沿河径流、低洼地的湿地形成分级雨洪净化湿地。

» 第三节 «

功能提升：立足自身特色，构建多元复合城水空间

　　滨河地区作为城市重点发展的地区之一，应基于可持续发展的理念，通过多层次的规划设计举措来促进滨河空间功能转型升级。集聚优势功能，培育滨河核心区段能级，并与腹地功能联动，引导产业向高端化、专业化、集聚化发展；以岸线为轴线分段组织特色各异、错位互补的功能序列，并通过规划留白为未来预留发展空间；滨河核心区段应促进金融、创新、文化等核心功能混合，并嵌入城市更新孵化文创类功能。

一、培育滨河核心区段能级，联动腹地功能升级

　　滨河空间是人类活动与自然环境共同作用最频繁的地带，通过培育滨河核心区段的能级，与邻近的城市腹地联动，激活低效利用的土地或空间，在用地更新的过程中实现升级，融入公共服务功能，提高土地利用的效率并创造新的使用价值。而被激活的腹地空间也将为滨河空间带来更好的集聚效应，整体形成触媒引发、激活腹地、反哺滨河空间体系的良性循环。

　　以上海一河两岸的更新为例，其是以苏州河为媒介，提高滨河区中心度，创设滨河公共中心，打造上海市中心独一无二的公共滨河活力中枢。一河两岸的更新强调历史多样性的存续，建立滨河空间与地区发展

历史的关联性，彰显苏州河自身的人文底蕴，保护并合理利用地区的历史文化要素，强化地区历史文化氛围，提升地区空间文化魅力，展现"苏河历史文化之旅"整体空间意象，塑造上海的人文新地标。一河两岸的更新通过在南北两岸形成高能级文化产业群落及标志性的文化设施和开放空间，打造上海的文化艺术地标。强化滨河与腹地联动，延伸沿岸腹地的价值。

二、以河岸为轴组织协同特色空间

作为城市重要的公共区域，城市滨河空间为城市的形象塑造及经济发展带来契机。通过对河流廊道的空间规划能够推进滨河土地资源转向更高生态品质、合理分配资源和保障城镇安全等方面，可以说河流廊道的建设不仅涉及水域和滨河绿地，还与城市空间格局及土地利用方式密不可分。而河岸作为紧邻河流廊道的陆地空间，其以轴带状的形态与城市中的不同功能空间相连接，在联动城市腹地空间的同时，营造出独具特色的城市滨河空间。

苏州河是上海中心城的重要轴线，具有双岸资源，两岸缝合有利于资源统筹、协调发展，吸引更多的人来此活动。一河两岸的更新设计强调功能复合，打造多样化的活力场所。其打造 6.3km 连续贯通的历史人文滨河休闲带，形成九处滨河开放节点，塑造连续的公共活动系统。协同第一界面及腹地功能，突出区段主题，形成有人文体验的滨河亲水环境。并且以河岸为轴释放苏州河两岸空间，在城市节点处延伸到城市腹地，界定出一条动态丰富的苏州河城市文化流域。红色的城市轴线界面与绿色的滨河休闲岸线相互呼应，交错平行。

三、依托滨河核心打造多功能集群空间

利用滨河核心打造滨河多功能集群空间是增强滨河吸引力的重要策略，也是塑造区域特色和提高土地利用价值的必要手段。通过完善滨河核心的商业及公共服务功能来推进土地开发并满足人们对滨河地区的空间需求，同时整合现有的城市空间，创造出一个适合滨河活动的空间场所点位。

在一河两岸（图4-5、图4-6）的设计过程中，设计师提出"苏河文化之旅"的总目标，延续人本关怀和文化复兴的理念，将一河两岸打造成滨河活动的中枢、文化艺术的地标和市民休闲的地带。方案设计中，强调彰显上海历史的同时突出强调核心功能、辅助功能和配套功能的有机混合，建设全新的滨河活力核心区。引导公共功能在滨河第一界面集聚，混合功能发展，商务、商业、娱乐、观光、休闲、运动等各种功能交织。注入文化休闲旅游功能，引入高能级现代服务业，通过功能置换和环境优化，活化岸线功能，保证滨河建筑底层以文化、餐饮、休闲等公共功能为主，增强滨河岸线多公共功能集聚度。

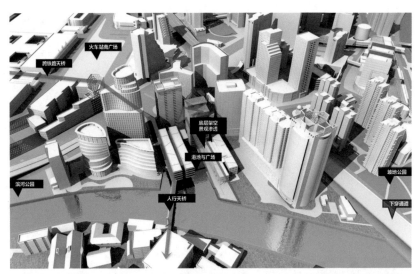

图 4-5 苏州河一河两岸中不夜城工业园节点设计引导* 　图片来源：苏州河静安段一河两岸城市设计（项目名称）

图 4-6 苏州河一河两岸中不夜城工业园节点设计引导* 　图片来源：苏州河静安段一河两岸城市设计（项目名称）

---

* 　图4-5：不夜城工业园节点中建议区域慢行网络可通过人行天桥和地面慢行通道连接对岸M50创意
　　园区、不夜城工业园和火车站南广场；同时通过建筑的底层架空，加强苏州河景观向地块内部的渗透。
　　图4-6：不夜城工业园节点整体设计中建议可结合中部广场，设置港湾式码头，重唤历史记忆，成为距离上海站
　　最近的苏州河游客码头，成为未来城际站城市客厅的重要组成。

交通链接：提供多元体验路径，
营造水岸生活圈

一个好的滨河项目不能独善其身地只限于项目本身的检核，而应该与城市联动发展，而城河联动的前提，是设计合理的交通流线和滨河游线，且必须具备良好的可达性，使人们能够方便、快捷地到达，并舒适地使用滨河空间。居民也因为亲近自然的需求，会选择在滨河区域活动。此时，需要依托滨河空间本身，建设慢行特色景观长廊，并且也要联动岸线腹地，进行区域级别的慢行网络打造，以此来提供多元滨河体验路径，丰富居民的游憩体验，更能联动河流—滨河区域—城市为一体，形成城河联动的水岸生活圈。

一、建设滨河慢行特色景观长廊

滨河游线是城河联动的载体空间，宜人的滨河游线更是市民得以在滨河空间停留、驻足甚至集聚的原因，因此考虑到当前时代人们对生活品质需求的提高，增加滨河游线的趣味性可以说是滨河复兴的重要条件。同时，也应该考虑到人们在步行、跑步时的安全保障。因此，需要建设滨河的慢行特色景观长廊，来提升人们滨河游线的体验感，激活滨河空间活力。

以上海市漕河泾为例，考虑市民们对于步行的品质需求，在更新设计中增强滨河岸线的公共功能连续度和集聚度，打造特色滨河景观段和轴线，形成沿岸公共滨河慢行长廊，凸显漕河泾景观廊道，串联地区历史文化点，形成片区游览路线。同时，注重滨河场所品质的提升和文化特色的演绎，在特色景观长廊处形成了几处标志性的景观节点。通过公共艺术雕塑、壁画、装置等公共艺术家具小品（图4-7）强化场所精神，注入人文内涵，传承地区文脉记忆，沿河打造"桂香满园""三水之汇"等特色景观段。

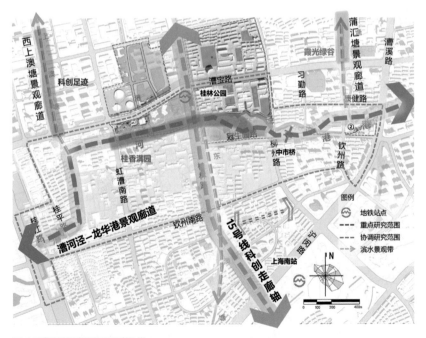

图 4-7 漕河泾港沿河特色景观轴线

二、联动岸线腹地打造慢行交通网络

滨河空间在规划慢行系统时通过科学规划满足各区域、各类型人群的交通性、社会性的慢行出行需求，构建以骑行和步行为主的慢行网络，且保证其连通性，连接滨河空间与其岸线腹地空间，提升慢行系统的功能。此外，可通过周全的配套设施与服务提高慢行系统的舒适性，如休憩服务类设施、安全指示类设施及交通类配套设施等，塑造富有特色的慢行环境，增加沿途吸引力与趣味性，吸引更多市民使用慢行空间。

以上海市蒲汇塘为例，在慢行网络形态优化前，社区居民的滨河慢行可达覆盖率较低，甚至部分河段的到达时间需要 15 分钟以上。而在慢行路径设计优化后，社区居民到滨河的可达范围更广（图 4-8、图 4-9、图 4-10），居民到达滨河的平均时间更短，居民在日常生活中对于滨河空间的使用频率得到显著提高。

图 4-8 更新后的蒲汇塘为人民提供了融合滨河景观与公共空间于一体的社区生活新场景

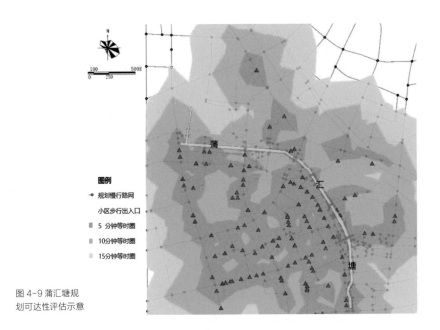

图 4-9 蒲汇塘规
划可达性评估示意

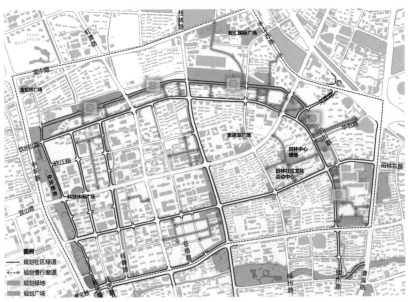

图 4-10 蒲汇塘规划慢行路网

» 第五节 «

场所营造：提升服务品质，
打造地域特色活力水岸

一、营造特色化的滨河公共空间

滨河地区的复兴应当固本拓新地营造彰显具有地域特色的滨河公共空间，不仅需要提供精细化的为日常生活服务的公共活动空间，还应创造一些标识性公共空间，增强滨河沿线地区城市意象，为城市打造新兴滨河文化名片及经济增长极。

比如上海市龙华港（图4-11）在更新建设的过程中形成了体现"文化底蕴"的徐汇历史河道、体现"开放共享"的城市公共腹地及体现"新旧对话"的滨河活动空间。其格外注重对地域特色空间及特色标识性公共空间的营造。① 其在建设过程中充分保留了自身的历史文化特色，复

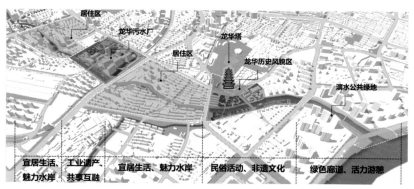

图 4-11 龙华港特色滨河分段

建塔—港—城的盛世景观风貌。与徐汇滨江现代景观形成新旧对话，打造徐汇龙华新时代滨河景观地标（龙华塔地标景观）。② 重点打造民俗非遗文化的魅力水岸、工业遗产共享互融的特色水岸、宜居生活的休闲水岸这三处滨河公共空间，打造共享共融的宜人滨河空间。其中，第一部分融入龙华非遗元素，打造龙华民谣公园；第二部分结合绿地融入工业遗产元素，凸显工业遗产的特色风貌，传承城市工业记忆；第三部分融入现代与古典对话的景观元素，打造体验丰富的具有地域特色的滨河公共休闲空间。

二、提供高品质的滨河服务设施

滨河地区是城市由生产型经济向服务型经济转变的重要承载区，通过植入休闲旅游和文化创意等高品质的公共服务设施，为滨河地区聚集活力，打造兼具国际品质与地区特色的滨河活力带。如徐汇龙华港的更新建设提供了高品质的滨河公共服务，其在增加滨河公共功能及强化其开放性的同时，依托慢行路径及文化的优势，打造了新"龙华水四景"及"文、商、旅"结合的市民微度假游线（图4-12）。

龙华港拥有历史文化和工业文脉等文化资源。因此，在滨河空间的塑造中结合历史文化资源——龙华寺、海事塔等，构建历史建筑场所精神。通过雕塑、工艺美术、园林景观等表现手段实现"龙华民谣"等非物质文化遗产的展示传承。与此同时，也关注工业文脉的植入，将滨江岸线丰厚的工业历史资源引入区域腹地，打造开放公共的滨河空间，龙华水质净化厂改造保留城市的工业文化记忆，形成龙华港西侧一处核心滨河开放空间节点（图4-13）。

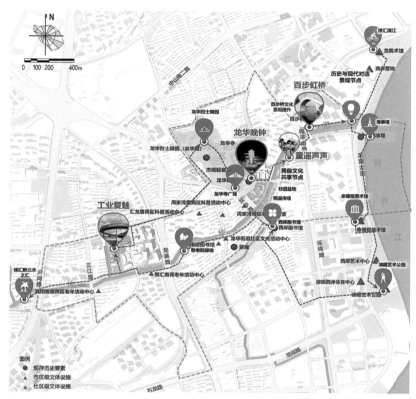

图 4-12 龙华港特色文化节点

图 4-13 龙华水质净化厂

三、策划多样化的滨河活动体验

通过策划多样化的滨河活动，形成连续的"城市客厅"，增强滨河空间的可识别性和可体验性，使滨河地区成为全民参与、互动交融的"趣城"文脉（图4-14、图4-15）。如龙华港传承徐汇地区非遗文化，开展多项民俗活动，为居民提供休闲娱乐场所和具有历史气息的滨河公园。其在宛平南路—龙华西路南侧滨河绿地建设融入民俗活动的非遗展示、民谣传唱等，打造民俗活动的承载基地。同时，设置特色滨河景观段，设置打卡拍照点，恢复"柳绕江村，桃红十里"的水景风貌，形成"水、岸、林、船、桥、楼"为主要元素的滨江向内延伸景观带。

通过本章五个小节所阐述的更新措施，结合实际情况对滨河空间改善提升，以使其更好地融入城市发展、提升空间品质与城市形象、提高居民的生活质量，并成为城市文化和经济发展的新引擎。在未来的研究中，还可以进一步探索不同城市背景下滨河空间更新的适应性和灵活性，以及如何更好地平衡生态保护与城市发展的需求。然而在城市快速发展与技术不断更新迭代的当下，除了科学规划与因地制宜的更新措施外，技术辅助空间设计与项目落地的实施引导也尤为重要。

图 4-14 第二十届上海苏州河城市龙舟邀请赛 *

图 4-15 沿苏州河两岸举办多样的滨河活动　图片来源：谷蒙欣摄

---

* 图片来源：普陀区人民政府 | 百舸争流二十载，龙舟竞渡耀苏河！第二十届上海苏州河城市龙舟邀请赛圆满落幕.(2024-6-3)[2024-9-12].https://www.shanghai.gov.cn/nw15343/20240603/e7cf56d21606414f964e3761230e49e3.html.

第五章

滨河空间有机更新
技术聚焦与实施引导

*Chapter 5 Focus on Organic Renewal
Techniques and Implementation
Guidance in Waterfront Space*

» 第一节 «

技术聚焦

通过对实际项目案例的研究，梳理云计算技术、手机信令等新时代技术手段在滨河空间有机更新中的应用情况，在新时代背景下滨河空间有机更新技术具有可支持度和大数据具有可获取度，并且在此基础之上探究、提出滨河空间有机更新的实施引导具体策略。

在滨河空间更新发展和建设实践案例中，越来越多的云计算技术、手机信令等新时代技术手段得以应用，新时代背景下滨河空间有机更新的技术可支持度和大数据可获取度均大大加强，在此基础之上探究、提出滨河空间有机更新的实施引导具体策略，也可以对滨河空间及其周边地区的更新改造带来积极影响，提供创新发展的思路、实施拓展的可能。

一、空间句法的应用

空间句法作为一种量化工具，其优势在于它的可量化、可达性、可通过率及可视性等空间特征，通过空间句法的手段获得的基于空间拓扑联系的核心空间能够有较好的可达性和可通过性。

以上海市龙华港为例，上海 2035 总体规划提出不少于 95% 的滨河空间对公众可达，而龙华港的现状是大部分滨河空间被不同单位、部门占据。因此，政府着手研究并改善龙华港滨河空间，提高其的可达性与活力，并以龙华港周边 870 万 m^2 的地域范围为研究对象，提高该区域整体公共空间及滨河的慢行可达性，并对河道两侧 3.5km 范围、总面积

223万 m^2 的城市街区提出近期的再生战略方案和实施重点要求。

　　针对龙华港周边具有一定网络性布局基础的慢行系统（图5-1、图5-2），引入空间句法的分析手法，对研究范围内龙华片区的慢行可达性、选择度进行分析，提出优化的节点，并模拟优化后的慢行可达的系统。

　　基于这个单一变量模型，利用空间句法分析，提出了三组新的连

图 5-1 龙华港周边区域现状慢行活力分析

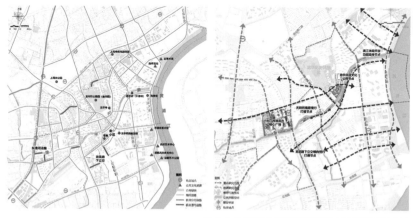

图 5-2 龙华港区域现状滨河贯通及规划慢行网络分析

接，作为改善空间连接的可能位置。通过贯通前后区域慢行活力提升对比来佐证打通拥堵地段的现实意义。研究将重点放在目前经常堵塞的天钥桥路上，在路线上建立两个新的连接，来构成未来路网模型 B 和路网模型 C。通过分析未来模型的慢行活力提升情况的数据，协助规划者对城市滨河慢行网络制定提升策略（图 5-3）。

在现状堵点分析及未来模型构建的基础上，提出具体的慢行优化策略。通过在火车编组站考虑新增区域通行联系，在关键的部位织补破碎的城市肌理，使火车编组站附近道路优化方案能获得更理性的整体效果，不但能改善局部地区的可步行性，也加强目标片区在大范围内的中等尺度下的通行等级（图 5-4、图 5-5）。

在以上策略的基础上，空间句法还可以对慢行优化后公共服务设施中的体育与文化设施的服务范围进行计算与可视化表达。以此来展现慢

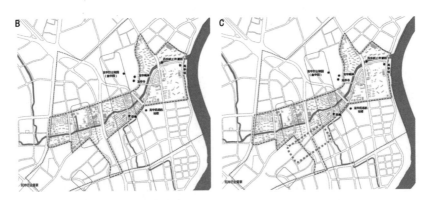

图 5-3 未来路网模型 B 与未来路网模型 C*

* 在未来模型 B 中完成了规划路与滨河道改造，天钥桥南路在南北向得到贯通。未来模型 C 的改动为在 B 的基础上，龙华立交桥西向延长，增加慢行路径与东侧相连。从未来模型 B 到模型 C 的改动，在小尺度度量取得了较为明显的效果，然而对大尺度度量的提升还是不够理想。

图 5-4 模型 B 优化后龙华港周边区域现状慢行活力分析

图 5-5 火车编组站附近道路优化点位

行优化的可视化表达（图 5-6），以及为了体现街道网加密对附近可达性的改善，对三个地铁站的实际步行距离的变化进行了可视化表达。随着火车编组站附近的路网联系情况的改善，这个地铁站的服务范围也将得到极大的提升（图 5-7）。

图 5-6 现状到模型 C 文化设施服务范围可视化　　　现状到模型 C 体育设施服务范围可视化*

---

* 由于此次采用的是基于真实路径的实际距离，所以 15 分钟服务范围的计算半径选用 900m。从分析结果看，在既有设施点不增加的情况下，通过路网的改进，可以一定程度(16%-18%)上提升现有设施服务的范围。从现状到未来模型 C：现状文化设施服务范围增加 18.4%；现状体育设施服务范围增加 16.1%。

图 5-7 现状到模型 C 石龙站附近实际步行距离可视化

二、核密度分析方法

核密度分析方法为表面密度的计算方法，通过样本数据来计算和估计数据聚集情况，对滨河空间及其周边进行热点区域可视化探测，进行核密度分布，以生成城市综合活力的分布图并研究其分布规律，为滨河宏观管理和分区指导提供一定依据，促进滨河空间有机更新的健康有序发展。

上海市漕河泾两岸在进行更新改造的过程中，首先对两岸的空间资源进行了有机整合。选择通过核密度的空间分析方法，对研究区域中游憩资源空间分布的总体特征及不同类型游憩资源的空间分异特征进行可视化分析，以此为两岸空间的开发及规划优化提供依据。其次对两岸空间的空间活力进行可视化分析。参考已经有的研究，选择用人群密度来表示空间活力，衡量人群活动在特定空间中的总体水平。数据选择采取腾讯中的"宜出行"定位热度数据作为基础，导入 ArcGIS 配准后利用核密度工具来反映两岸滨河空间核心段的全域热力值。在资源统筹和空间活力的双重分析比对下，发现受研究样段资源禀赋和发展定位的差异影响，两岸空间的空间服务能力与发展活力也呈现出显著的差异性特征。因此，选择通过打造功能复合的滨河空间来进行水活力的激活与规划，同时，结合不同区段资源禀赋特征，进行分类分段打造漕河泾滨河特色空间（图5-8）。

三、云计算技术

有活力、科学、有效的滨河空间规划与更新需要在过程中不断评估

图 5-8 漕河泾滨河特色空间

　　改进，在规划设计过程中达到各方利益的平衡。大数据时代为实现更全面的规划过程评估提供了一种新的技术手段，通过整合大数据和公共参与信息平台，促使传统的被动式滨河空间更新评估转变为多元主体互动参与的主动式更新评估，实现政府、企业、市民和其他组织在滨河空间更新评估中的信息交互，更多地保障多方群体的利益。

　　传统城市规划中公众参与的阶段一般包含草案准备阶段、规划方案形成阶段、初步成果完成阶段、成果审查和完成阶段及规划实施阶段，除立项准备阶段，基本涵盖规划的整个过程，但由于参与形式与手段的单一性，各个阶段的公众参与都存在不同方面的局限性。大数据、云计算等新技术的产生，为城市规划公众参与带来新的发展机遇。通过运用社交媒体、数据共享等方式，使得社会公众的行为、主张、争议等更大程度地被感知和获取，大数据技术下的公众参与呈现出自发参与、内容公开、传播速度快等特点，从而实现滨河空间更新与公众更好的结合。同时，随着大数据时代来临，城市问题研究拥有了丰富的数据来源；政府部门间的数据共享也为各种规划研究、编制和实施评估提供支撑。

徐汇区与河道水系关系密切，水系的重要性深深扎入徐汇区人们的心中。在进行水系的更新规划中，采用云计算的大数据平台，对区域内市民、企业及其他各种组织的需求与建议，并对徐汇现状进行了在线征集与整合统计，具体细化至不同区域的驳岸类型、设施供给程度等空间资源数据及公众滨河体验感觉等各个方面。其中，数据统计发现，徐汇区的居民在滨河空间中更愿意选择开展跑步、散步等活动，因此也选择结合城市滨河空间、城市慢行绿道形成 3km、5km 慢跑散步环，就近为居民日常休憩、健身提供舒适的场地。串联滨河空间、城市慢行绿道及徐汇风貌区，形成集聚徐汇特色的滨河慢行系统，彰显徐汇历史、文化特色打造集聚徐汇特色的滨河慢行系统（图 5-9、图 5-10、图 5-11）。

您希望在徐汇滨水空间进行哪些活动?[多选题]

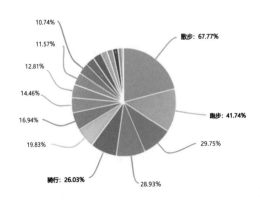

图 5-9 徐汇滨河活动统计

图 5-10 慢行网络增补建议

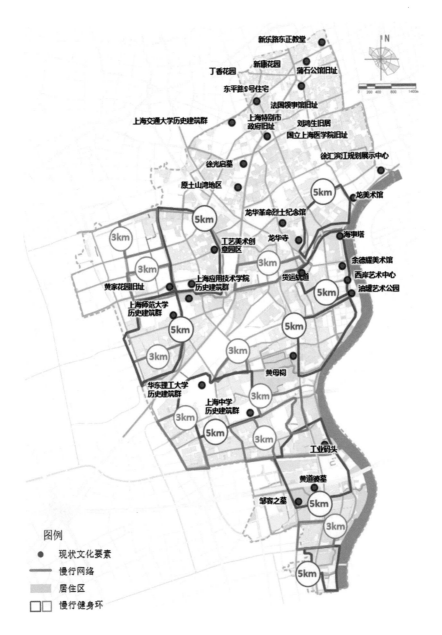

图 5-11 滨河慢行环引导建议

四、手机信令

手机信令，是指非用户电话语音、上网数据以外的在不同通信网中交换的信息数据，目的是保证用户使用手机的正常进行。收集手机信令数据可以知道匿名用户的位置与行动轨迹。

通过对手机探针获取的信令数据的挖掘和分析，可以清晰直观地反映出滨河空间的人群活动轨迹及活动规律，为滨河空间更新提供可靠依据。在实际操作过程中可以用 Wi-Fi 智能感知探针（WIFI PIX）搜集一定范围内的手机信令数据。在目标地放置并打开 Wi-Fi 探针，当携带手机者走近 Wi-Fi 探针区域时，他（她）们出现的时间、位置与移动详情都自动被探针检测。借助 BDP（Business Data Platform）商业数据平台的可视化数据分析工具，可以将获得的手机数据上传至 BDP 云服务器；由云服务器进行整合分析，输出可视化数据[*]。通过 BDP 分析结果生成

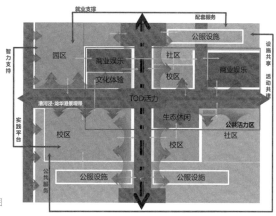

图 5-12 漕河泾功能区划概念图

---

[*] 包婷，章志刚，金澈清.基于手机大数据的城市人口流动分析系统[J].华东师范大学学报(自然科学版)，2015(5):162-171.

的百度热力图可以反映滨河空间使用人群在不同时间及空间集聚特征，BDP分析结果生成的轨迹图可以反映滨河空间使用人群活动轨迹，这些信息可以量化测试时间内滨河空间的使用强度。

漕河泾在进行更新规划的过程中选取了连续一周的中国移动手机信令数据，通过分析停留数据、制定识别规则，同时结合热力图来分析滨河空间不同时间段人群的空间集聚特征与人流轨迹，以此发掘以滨河为核心下的人群区域活动特征，规划未来打造"园区、社区、校区——三区联动、融合共生"的城市功能结构（图5-12）。通过合理布置人才培养、公共服务、生活配套等功能，各区功能差异互补，共建"创智漕河、绿色共享"，进一步体现徐汇西部学、研、住的高度融合，形成人气、产业、创意和活动等集聚的区级公共活动中心，成为徐汇推动内河更新与三区互融的亮点，以人群活力带动滨河生态活力的焕发。

五、多代理系统

多代理系统是由多个相互作用的智能个体（Intelligent Agent）组成的系统，可以随时间逐步迭代，呈现动态和自组织的特性，成为一种预测和系统优化的途径。自下而上是自组织理论的重要依据，城市设计的复杂系统、环境影响、多样需求和韧性协调恰与自组织系统的复杂性、开放性、多样性、动态性等相匹配。多代理系统具有完善的自组织过程，以其为媒介的自组织城市设计经历了从单一系统到集群智慧，再到反哺互惠的发展演进。在滨河地区空间的更新，可以以行为需求为导向，探索自组织城市公共空间体系的设计方法。运用多代理模型赋予粒子群"个性"参数和特征环境要素的吸引力场，结合实地调研调整参数，经过互动模拟、动态信息筛选，对公共空间骨架、核心空间和跨河节点等进行数字化生形。

　　静安区一河两岸的更新规划设计以数字化多代理系统介入，以滨河的公共空间为主要对象，满足人群的多种行为需求为导向，探索自组织城市滨河公共空间体系。通过模拟区域不同人群的特性，将人群的不同性格用代理粒子的"个性"表示，建立目的型、漫游型及弹性网络型粒子群，分别和公共设施、历史建筑等重要节点要素、公共空间场所及公交线路、站点等空间连通路径的结构进行行为匹配与互动，最终确立了公共空间节点及建立了适宜的公共空间骨架（图5-13）。

图 5-13 一河两岸空间设计　图片来源：苏州河静安段一河两岸城市设计（项目名称）

» 第二节 «

实施引导

一、规划成果编制

1.滨河两岸更新改造"一张蓝图"

整合分条线行动图，形成滨河两岸社区更新改造一张蓝图，形成项目清单。结合居民需求紧迫度、实施主体积极性、实施难易度等因素，制定分阶段项目实施计划，明确近、远期建设项目清单。近期项目明确实施主体、实施路径、经费来源、计划完成时间等。

2.滨河两岸更新改造"一河一表"

将区域内河道划分为骨干、重点和一般河道，制定分期、分类实施计划。对每条河道的现状到规划策略梳理成为一河一表，成果包含河道概述、现状规划情况、河道定位、规划导引、建议改造节点等几个块面，并在规划引导中，确定基本项与提升项，以期为"河长制"后续实施工作形成更高效、直观的工作基础。另外，对于无蓝线河道，由于均为短小的河段，且位于整体地块内，根据其具体情况提出简单的提升优化策略。整体改善提升河道水质，有条件时，建议将河道与有蓝线控制的河道串联，形成活水体系；或与周边建设用地整体开发。优化绿化种植，提高生物多样性，积极采取治水措施，保障水质达标。同时形成无蓝线河道区段建设指引表（图 5-14）。

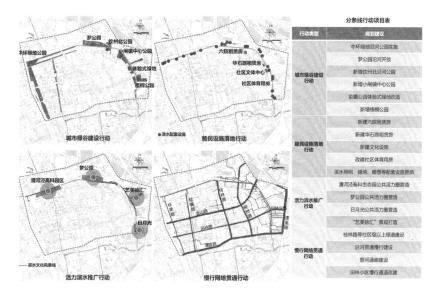

图 5-14 蒲汇塘两岸分条线行动指引

3. 研究设计工作

首先进行两岸整体引导，提出街坊更新和微更新的节点，分析改造缘由，对节点进行研究，提出节点重点改造建议。其次结合项目与总体结构的结合度，确定滨河空间重点改造项目，形成分类项目清单表，进行滨河空间方案实施。例如上海市龙华港实施方案提出三个整街坊节点—龙华水质净化厂改造、龙华港泵站景观节点塑造、西岸万科公共活力圈改造及龙华寺景观视线塑造，以及两个微更新节点—天钥桥南路贯通及枫林街道第二敬老院滨河微更新和三江小区滨河贯通。针对各个节点的特征分别进行更新研究。如上海市龙华寺景观视线塑造，利用ArcGIS 技术辅助（图 5-15），对现状建筑进行现状视线分析，得出视线遮挡区域，可在未来建设中进行调整。

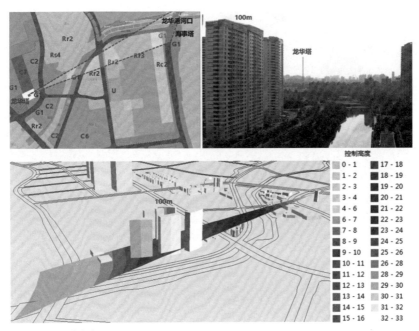

图 5-15 景观视线塑造

二、规划政策引导

1. 贯彻落实政策要求，并辅助管理、决策

首先，进一步落实细化河长制相关要求，塑造上海特色，形成河道及滨河空间整体设计及建设机制。并在河长领导下，协调各方诉求，解决河湖及滨河陆域建设、使用和管理中出现的具体问题。推动河道周边环境专项整治、长效管理、执法监督等综合整治和管理保护工作，并对其进行目标考核，实行严格的追责制。

其次，深入践行"人民城市人民建，人民城市为人民"重要理念，贯彻落实《上海市"一江一河"发展"十四五"规划》的目标与要求，将"一江一河"的建设成果向其他滨河地区延伸，拓展提升公共空间，聚焦重点板块建设，突出核心功能集聚，加强整体统筹协调。借助滨河地区的有机更新，协助政府发挥主导作用，切实制定公共政策，引导多方协调推进。

2. 带动区域展开滨河地区综合性更新项目

通过本书中的实践经验，进一步厘清不同专业在滨河地区的职责与任务，有助于联动不同技术团队的相关滨河综合型项目拓展推进。即由规划设计引领，建筑、景观、评估等不同专业逐步跟进，不断提升滨河空间的整体技术水平。

三、规划管理协同

在滨河地区多层次的河道水系实践工作中，秉持规划的协同性、整合性、包容性原则，力求在工作的各个阶段、各个层面，都有与其他市、区、社区的相关工作紧密衔接。可以说，上到市级层面的总体规划、水系专项规划，下到社区层面的15分钟生活圈规划，滨河地区系列工作均体现出与这些当前重点工作的深度对接。例如，在《黄浦江沿岸地区建设规划（水务篇）》中，以徐汇区河道水系专项规划为基础，提出张家塘港支流综合整治工程的典型区段方案，承接泵闸外移的规划目标，从水务的角度进一步补充专业论证，为张家塘港在黄浦江河口区域的整体环境提升加强了规划支撑。

在社区层面的工作中，体现为滨河腹地的城市更新与社区功能完善的有机结合。以田林社区15分钟生活圈试点工作为例，借助蒲汇塘两岸更新的研究基础，进一步对沿河腹地存在更新可能性的地块及建议优化区域汇总，优先补充社区公共服务设施的不足，将滨河贯通、步行桥修复、垂河通道增加、滨河微空间改造纳入近期项目库，为社区工作提供抓手和方向目标。同时将滨河慢行系统与社区日常出行网络串联，将15分钟生活圈进一步扩展为滨河社区生活圈，强化"生态、民生、文化、开放"的理念，精细化城市规划管理工作的块面，并提供对所管辖河道的资料明细和规划建议，支撑河长治，促进河长（常）治，协同社区规划和建设工作有效推进（图5-16）。

近几年徐汇区范围内河道治理与滨河空间的更新颇见成效，可以说完成了从攻坚"水质"阶段向打造"品质"阶段的转变，把曾经黑臭、消极的"负资产"打造成如今亮丽的风景线；把城市发展过程中的旧包裹转变为展现当前发展成果的新名片。

2018—2021年，在由上海河长办、文明办等单位共同举办的共三届"最美河道"评选中，徐汇区先后有多条河道获得"最美河道""最佳河道整治成果"等称号。其中获得第二届"最美河道"荣誉称号的徐汇区上澳塘，水质由曾一度让人望而却步的劣V类跃升到可下水游泳的优II类。与此同时，结合拆除违章设施、修复生态景观等策略，对两岸防汛墙、栏杆和绿化进行全方位的改造，在公共部位和开放式办公园区增设了公共亲水平台、休闲健身设施等，这些都广受附近居民和在园区办公的白领的欢迎。上澳塘沿岸滨河空间的整体化、共享化的改造，实现了水岸慢行交通系统贯通，最大限度发挥了滨河空间的社会化、公共化的特点，也是徐汇区近年来滨河空间有机更新的典型代表。

图 5-16 蒲汇塘两岸分类线行动指引

参考文献

[1] 城市土地研究学会 . 都市滨河区规划 [M]. 马青，等，译 . 沈阳：辽宁科学出版社 ,2007.

[2] 诸大建 , 刘淑妍 . 上海市苏州河环境综合治理中的合作参与研究 [J]. 公共行政评论 ,2008,1(5):152-177+200-201.

[3] 王建国 , 吕志鹏 . 世界城市滨河区开发建设的历史进程及其经验 [J]. 城市规划 ,2001(7):41-46.

[4] 赖亚平 , 龙灏 . 景观与观景——城市跨河桥梁的空间营造研究 [J]. 重庆交通大学学报 (自然科学版),2019,38(3):14-20+26.

[5] 谭瑛 , 高涵 , 陆小波 . 多尺度城市设计中的空间注记方法研究 [J]. 城市规划学刊 ,2018(6):77-83.

[6] 杨俊宴 , 夏歌阳 , 陆小波 . 基于 WID 导向的滨河区空间组织模式及设计实践研究 [J]. 城乡规划 ,2020(5):29-36.

[7] 唐亚男 , 李琳 , 韩磊 , 等 . 国外城市滨河空间转型发展研究综述与启示 [J]. 地理科学进展 ,2022,41(6):1123-1135.

[8] 章明 , 鞠曦 , 张姿 ."八合一" 理念下城市滨河空间营造的六个维度 [J]. 中国园林 ,2022,38(5):31-38.

[9] 王何王 , 张春阳 . 嫁接与融合：公共理性视野下的城市滨河公共空间规划管控探讨 [J]. 规划师 ,2021,37(18):28-34.

[10] 罗召鑫 , 马蕙 , 舒珊 . 城市滨河空间恢复性评价的视听影响因素研究 [J]. 南方建筑 ,2021(1):76-82.

[11] 陈苹.浅析老城区河道景观微更新——以南京市内秦淮河中段景观环境整治工程为例 [J]. 中国建筑装饰装修 ,2022(5):123–125.

[12] 戴晓玲 , 浦欣成 , 董奇 . 以空间句法方法探寻传统村落的深层空间结构 [J]. 中国园林 ,2020,36(8):52–57.

[13] 徐汇区规划和自然资源局 , 华东建筑设计研究院有限公司规划建筑设计院 . 徐汇区河道水系专项规划研究 [R].2020.

[14] 徐汇区规划和自然资源局 , 华东建筑设计研究院有限公司规划建筑设计院 . 龙华港两岸更新研究及实施引导 [R].2020.

[15] 徐汇区规划和自然资源局 , 华东建筑设计研究院有限公司规划建筑设计院 . 漕河泾港两岸更新研究及实施引导 [R].2020.

[16] 徐汇区规划和自然资源局 , 华东建筑设计研究院有限公司规划建筑设计院 . 蒲汇塘两岸社区更新规划设计 [R].2020.

[17] 徐汇区规划和自然资源局 , 华东建筑设计研究院有限公司规划建筑设计院 . 西岸国际自然艺术公园 [R].2023.

[18] 静安区规划和自然资源局 , 华东建筑设计研究院有限公司规划建筑设计院 , 上海广境规划设计有限公司 . 苏州河静安段—河两岸城市设计 [R].2017.

[19] 徐汇区规划和自然资源局 , 华东建筑设计研究院有限公司规划建筑设计院 . 华泾镇河道水系专项规划及重点项目实施计划 [R].2022.

后记

上海地处长江三角洲，区域内河网密集，历史上江南水乡的河湖地貌形态在城市不断扩张的过程中，逐渐消泯。如何在钢筋混凝土的日常城市生活中找到接触自然的机会，实现见水、临水、亲水的可能，同时让原本灰色消极的防汛空间焕发新貌，让生活回归水岸，是我们团队在几年前着手参与滨河类项目时就抱有的初心。

随着上海市城市更新工作的不断推进，以及"一江一河"滨河岸线的基本贯通和沿岸开发建设取得显著成效，作为城市更新的重点区域，城市中滨河空间的更新案例不断涌现，越来越成为上海展示新时代中国特色社会主义建设成果的窗口。

在上海、北京等城市的滨河空间更新实践项目中，我们也深深地体会到，由于滨河地区普遍存在管理部门多元交错、各类方案多样交叉的情况，缺少相对统一的规划引导和整合型的技术路径。因此根据几年来的工作实践，借助前辈的理论研究和国内外相关案例的吸收整理，我们从规划设计的角度出发，结合自身经验和新技术的应用探索，尝试总结滨河空间有机更新的技术路径。书中国内实践部分主要依托于上海市徐汇区全区层面的河道水系专项规划和几条主干河道两岸的更新研究与实施方案，案例虽少但涵盖了专项层面的系统引导、总体目标框架的制定、支撑性策略的传导与分类引导，以及落实到实施层面的地块更新、岸线贯通、景观设计等，并通过"一河一表"、年度计划项目库等形成了可视化、有针对性、浅显易懂且满足不同管理部门要求的实用、好用的成果内容。本书内容为理论与实践的结合，既有对以往研究性内容的综述，也有与现阶段政策导向的衔接，结合具体案例展开介绍实操过程中的问题分析、技术应对、总结思考，通过平实简洁的语言文字，呈现出更加具有应用性和参考性的这一版书稿。

随着本书的出版面世，我们无比荣幸又惶恐忐忑，虽然已付出诸多努力，想要做得更好，但由于人力、物力、精力等各个方面的局限，目前来看研究仍有诸多不足。反过来看，已有研究的不足，又恰恰为未来持续、深入的研究提供了基础与空间。迫切希望这本小书能够起到抛砖引玉的作用，为同行们提供可踏可跳的"垫脚石"。

在此特别感谢华建集团对于相关科研的支持和成果的肯定，才让我们有信心将其修改后付梓。特别感谢华建集团现代院王亚峰、陈文杰、黄逊、吴文等各位领导的大力支持和帮助，借助华建集团和现代院的优势平台和专业力量，我们才可以兼顾项目与研究，不断深化专业知识，梳理过往经验，总结思考，积累沉淀。

同时，还要郑重感谢曾为本书给予指导与帮助的业内专家，感谢曾在相关科研课题项目咨询和评审中给予宝贵意见的叶贵勋、苏功洲、陈青长、杨明等，感谢曾在项目过程中提供建议的高世昀、王欣、王潇、镇雪锋等，感谢陈喆、薛璇、甘逸君、王怡菲、张玲帆、李琳、林泯含、汪傲利、高瀚、袁骝、吴桐、谷蒙欣、张岑等同事、朋友，感谢美编魏沅、蒲佳茹，以及插画大师申鹏，感谢为本书付梓耗费心力的同济大学出版社的各位编辑。

特别想说，在这里每一个想要感谢的名字背后都有很多故事，或是格子间里的相伴同行，或是碰壁受阻时伸出援手，或是实施建成后分享雀跃，总之感谢所有同行一路的支持与陪伴，因为有你们，路才越走越宽，越走越远。